资助项目：

重庆市社会科学规划项目《从行为需求出发的情景式康复景观模式研究》（编号：2022NDYB177）

SCENARIOS-BASED REHABILITATION LANDSCAPE DESIGN

情景式康复景观设计

谭晖 著

中国建筑工业出版社

图书在版编目（CIP）数据

情景式康复景观设计 = SCENARIOS-BASED REHABILITATION LANDSCAPE DESIGN / 谭晖著. — 北京：中国建筑工业出版社, 2023.6（2025.1重印）
ISBN 978-7-112-28896-0

Ⅰ. ①情… Ⅱ. ①谭… Ⅲ. ①康复机构—景观设计 Ⅳ. ①TU246.2

中国国家版本馆CIP数据核字（2023）第123217号

情景式康复景观设计是一种把自然环境和人工材料结合起来，为人们提供舒适、愉悦的治疗和康复环境的设计方法。本书采用心理学、社会学和设计学跨学科研究视角，结合心理学和康复设计的理论研究，以设计实践为例，针对精神疾病患者这一弱势群体，探索实施康复设计缓解患者压力的设计策略和具体方法；采用心理学和设计学的跨学科研究视角，将行为需求转换为设计策略，提出情景式模拟康复社区创新理念；进而针对精神病患的方法进行分解，提炼为适用于一般人群的情景式叙事空间的设计模型，用于室内、室外设计实践并分析案例。本书适用于景观设计、室内设计等相关专业的从业者及在校师生参考使用。

责任编辑：张华　唐旭
封面设计：陈贤湫
版式设计：锋尚设计
责任校对：王烨

情景式康复景观设计
SCENARIOS-BASED REHABILITATION LANDSCAPE DESIGN
谭晖　著
*
中国建筑工业出版社出版、发行（北京海淀三里河路 9 号）
各地新华书店、建筑书店经销
北京锋尚制版有限公司制版
建工社（河北）印刷有限公司印刷
*
开本：787 毫米×1092 毫米　1/16　印张：10½　字数：287千字
2023 年 6 月第一版　　2025 年 1月第二次印刷
定价：**48.00** 元
ISBN 978-7-112-28896-0
（41617）

前言

近些年来城市快速发展，人们生活水平不断提高，同时也面临着巨大的工作压力和生存压力，这进一步导致了亚健康人数的激增，人们更加关注自身的身心健康。传统的景观设计虽然在美化环境、提高居住和工作环境的舒适度等方面具有一定的作用，但无法满足人们对进一步改善健康环境的需求。城市建设投资大，尽可能地充分利用城市绿地或公园的空间资源，发挥其更多、更大的功能，情景式康复型公共空间既可以作为康复设施使用，也可以作为公园使用，从而实现资源的最大化利用。因此，采用情景式康复景观策略设计城市公园或绿地，充分利用空间资源满足人们对康复环境的需求，提升人们健康的生活品质，具有广阔的前景和价值。

本书第一章从情景式康复景观服务大众健康这一导向出发，整理了国内外情景式康复景观的研究现状与成果，阐明了研究目的和研究意义，针对人们行为需求的基本规律和情景式康复景观设计要素，总结了一套具有康复疗愈作用的景观设计方法。第二章以设计实践为例，针对精神疾病患者这一弱势群体，采用精神病护理康复学和设计学的跨学科研究视角，提出情景式模拟康复社区创新理念，这种设计方法旨在建立病人出院之前的过渡功能区和缓冲区。探索非药物治疗的康复景观设计策略和具体方法，实现精神病患群体真正意义上的自食其力，进而回归家庭重返社会，减少复发的概率，增强病患家庭及社会的和谐度与幸福感。通过对精神障碍患者的深入研究，总结了情景式康复景观设计方法模型，这一方法模型不仅能够缓解精神障碍患者的病情，更能减轻亚健康群体的压力和焦虑，实现为更大的群体赋能和减压的目标。第三章至第六章，分别阐释在不同情景下的康复景观运用。以城市公共空间、老旧社区、主题儿童乐园和商业艺术空间为例，采用不同的情景式康复景观设计方法，实现多样性空间的康复功能。城市公共空间是城市居民进行休闲娱乐和社交交流的重要场所，运用更加人性化的情景式康复景观设计，能够为居民提供更多的身心健康空间，为城市多元文化的交流打造更加开放和创新的平台。老旧社区也是情景式康复景观设计的一个重要应用场景，老旧社区往往存在环境差、污染严重、人口老龄化等问题，通过运用情景式康复景观设计，以微更新的方式改善社区居民的生活环境，提高健康水平和生活质量。对于儿童主题乐园，情景式康复景观设计的应用尤为重要，在充满乐趣的游乐空间中，采用叙事性情景体验设计模式启发孩子的五感回应，促进他们的智力、认知、身体、情感和社交发展，从而满足儿童身心健康发展的多元需求。

商业空间是人们进行消费活动的场所，加入情景式康复景观设计塑造艺术氛围，可以为人们提供更加舒适、愉悦的消费环境。这种环境能够激发人们的购物欲望和消费热情，进而促进商业活动和行为的发生。艺术性的商业空间需要在设计中体现独特的艺术风格和文化内涵，情景式康复景观设计能够提供创新性设计解决方案，可以为商业空间注入更加生动、个性化的元素，提升商业空间的文化内涵和艺术价值。将情景式康复景观设计运用在城市公共空间、老旧社区、儿童主题乐园和商业艺术空间中，将为人们生活、工作、娱乐带来积极的影响和变革。

情景式康复景观设计是一种把自然环境和人工材料结合起来，为人们提供舒适、愉悦的治疗和康复环境的设计方法。情景式康复景观设计利用景观资源，创造适应全年龄人群的疗愈性环境，改善生活质量，提高健康水平，通过设计更具康复性的景观，达到舒缓情绪、减少压力和降低焦虑的目的。传统的康复设计主要是针对室内设计或建筑设计的，而情景式康复景观设计则将康复设计的概念扩展到了户外空间中，这种扩展带来了更多的创新机遇和多样性的需求，促进了不同学科之间的交流与合作。情景式康复景观设计需要考虑到环境、人文、社会、心理等多个方面，这种跨学科的设计方法，有助于创新设计解决方案。除此之外，情景式康复景观设计还可以帮助拓宽设计师和医疗人员的视野和思路，从而对整个设计学科和医学领域的进步产生积极的影响。情景式康复景观设计的绿色医学属性，对于设计学科的边界扩张有着积极的作用，拓展了景观设计审美和生态之外的学科视野，丰富了设计学内涵。

本书的出版离不开许多人的帮助，在此深表感激。感谢重庆市精神卫生中心李小兵院长，重庆市千叶集团叶定坎先生，北京朵拉爱萌旅游公司赵晖先生、刘春晖先生，为本书的理论研究提供了实践和应用机会。感谢我的学生们，包括丁松阳、肖宛宣在本书第三章、第四章帮助梳理文字与图片，陈贤湫、李羚子和梁丹华帮助整理参考文献。感谢中国建筑工业出版社编辑的细心工作，使本书得以顺利面世。特别感谢四川美术学院副校长段胜峰教授对本书及情景式康复景观研究方向的帮助和支持。最后还要感谢已经在该领域做了大量研究和实践工作的老师和前辈，感谢引用和参阅内容的作者，没有前人的工作基础，我难以完成本书。

由于时间仓促及笔者水平有限，不足之处恳请广大读者批评指正。

目录

第五章　叙事性体验下的疗愈设计模式

第六章　情景式艺术疗愈的精神认同感构建

01

第一章

情景式康复景观设计概述

第一节 研究基础

一、概述

景观设计作为一门学科，涉及多个领域的知识，如城市规划、植物学、地质学、艺术学和心理学等。景观设计主要分为自然主义流派、抽象主义流派、生态主义流派、文化主义流派和现代主义流派。景观设计是一个更广泛的概念，是对自然和人工环境进行设计和规划，创造出功能和美观相结合的景观空间。康复景观设计是景观设计的一个重要分支，它更注重在景观设计的过程中考虑人体恢复的健康因素，利用景观元素来改善运动、情绪和社交能力等方面的康复。情景式设计可以理解为在环境设计中，对人们的情感体验和情境反应进行考虑和引导的设计方法。情景式康复景观设计融合了行为环境理论、康复学和心理学等学科，旨在创造出更具有情境体验的康复景观环境。它将人体恢复的康复原则与景观设计的审美原则和技术相结合，通过创造情境体验来帮助人体的康复和恢复，因此情景式康复景观设计可以被看作康复景观设计发展的新层级。

景观设计、康复景观设计、情景式设计和情景式康复景观设计，在设计目标、设计对象和设计方法上有以下共同点和差异性（表1-1-1）：

共同点和差异性分析　　表 1-1-1

<table>
<tr><th></th><th>共同点</th><th>差异性</th></tr>
<tr><td>景观设计</td><td rowspan="4">1. 都涉及环境设计：这些设计方向都涉及创造和改善人们生活环境的设计过程，如室内外空间设计、绿化、水景、景观等。
2. 关注环境的影响：这些设计方向都关注环境对人身体和心理的影响，都是通过某种设计方法来创造更加合适的环境，更利于身体和心理的恢复。
3. 运用设计元素：这些设计方向都运用了设计元素来创造出一个特定的环境氛围，包括颜色、材料、形状、纹理、声音、光线等</td><td>景观设计主要关注美化和功能性、建筑外部环境和空间的设计</td></tr>
<tr><td>康复景观设计</td><td>康复景观设计注重帮助人们恢复健康；更多地关注人的身体和心理恢复</td></tr>
<tr><td>情景式设计</td><td>情景式设计更加注重在特定情境下营造情感体验</td></tr>
<tr><td>情景式康复景观设计</td><td>情景式康复景观设计进一步结合了康复理论；更注重人的主观情感体验和感知与情景体验的融合</td></tr>
</table>

二、概念解析

（一）康复景观设计

康复景观设计是景观设计的一种，它是基于现代社会的需求而产生的。现代社会中，随着老龄化和慢性疾病的增多，人们对康复和健康的需求越来越高。随着医学和康复理论的发展，康复景观设计也在不断地拓展应用领域。

康复景观设计通常指的是一种在物理或心理方面恢复或改善人类健康的景观设计。简单地讲，康复这个词意味着具有恢复或保持健康的能力，与景观或花园这些词结合起来就得出“能恢复或保持健康的环境”的概念。康复景观（Therapeutic Landscape）既可以狭义地指代附属于医疗机构的具有康复目的的景观环境，也可以泛指一切具有健康效益的景观环境。康复景观目前被认为主要由乔灌木、花卉、水体、地形等自然景观元素以及人文景观组成。

康复景观设计与传统的城市或公园景观设计有所不同，其设计和规划旨在提供一种资源，可以对康复和治疗方案产生积极影响。康复景观包括特殊的花园或公园，如为残疾人士设计的无障碍空间、为癌症患者或心理疾病患者提供精神支持的庭院，或为老年人提供舒适的休憩区域的公园。此外，康复景观还可以位于医院、医疗中心或其他医疗设施的内部或外部，以提供治疗性环境。康复景观设计是一种营造身心健康氛围、以促进患者康复为目的的景观设计，主要应用于医疗场所、养老院、康复中心、疗养院等与康复相关的场所。

康复景观设计的内容主要分为四个方面:

第一，促进康复的功能性设计。通过合理的规划布局、绿化和景观元素的运用，提供安全、易于移动、方便的康复环境和设施。

第二，创造心理舒适体验的感受性设计。康复场所往往面临着病人的短暂居住，因此康复景观设计要营造出舒适、安静、和谐的环境，为患者提供心理上的支持和安慰。

第三，提高患者康复意愿的参与性设计。康复患者参与康复活动的积极性对于康复效果的提高有着重要作用。因此，康复景观设计需要考虑引导患者参与到康复活动中来的设计策略。

第四，与治疗团队协同的实用性设计。康复景观带有一定的医学和治疗学特点。因此，康复景观设计不仅要满足病人的需求，还应当与治疗团队协作，以提高康复的效果。

康复景观设计从最初运用于医疗卫生院所和老年护理机构，帮助患者康复和生活质量的提高，到如今已经广泛运用到城市公园、社区公共空间等城市景观设计中，帮助普通人群缓解压力，促进健康生活方式并改善城市环境。康复景观设计是近年来发展起来的一个新兴领域，随着社会的变化和人们对健康的关注不断提高，康复景观设计的需求也越来越大。在景观设计发展历程中，康复景观设计可以被视为一种新的设计理念和风格，它涵盖了景观设计的原则和技术，并对营造健康和恢复环境方面提出了更高要求和更多思考。因此，康复景观设计可以被视为景观设计发展进程的一个新阶段和新趋势，促进了景观设计科学化、智能化、人性化的发展。

（二）情景式设计

情景式设计（Situation-based Design）的起源可以追溯到20世纪50年代的情景主义运动。情景主义运动起源于法国，它是一种反文化运动，旨在挑战社会和政治体系，探索新的社会秩序和艺术领域。情景主义强调艺术与生活的融合，并主张在艺术、城市设计和政治领域中通过情景来改变现实。在20世纪60年代，美国的文化学者、环境心理学家凯文・林奇（Kevin. Lynch）提出了“情境”的概念，即人们在环境中通过视觉、听觉、嗅觉、触觉等感官途径所构成的心理、情感和情景状态，这一概念为情景式设计提供了理论基础。随着科技的发展和人们对生活品质的不断追求，情景式设计已经成为一种重要的设计方法，并广泛应用于建筑、室内设计、景观设计、展览设计等领域。

情景式设计是一种注重从使用者体验角度去考虑环境设计的方式，将情境环境理论、心理学及设计学等学科有机结合。情境环境理论是认为人在特定情境环境下会产生特定情感体验和行为反应的一种理论。它主要强调环境和情境对人类行为的影响，还强调了环境会对我们的行为和情绪状态产生积极或消极的影响。情境环境理论最早由环境心理学家罗伯特·吉福德（Robert Gifford）和罗杰·巴克（Roger Barker）于1978年提出，在此后的实践和研究中广泛应用。它主要分为两个方面，物理环境和社会环境：物理环境包括建筑、道路、道具等；社会环境则包括文化、社会经济等因素。情境环境理论主要探索人类如何感知、理解和适应环境的因素，为环境设计、城市规划、社会心理学以及健康治疗等领域提供了重要的理论基础。

情景式设计的目的是在创造环境的同时，创造出具有特定情境和情绪体验的场景，以此来引导人们的情感和行为。设计者可从人类的感知、认知以及身体和心理的反应入手，通过运用色彩、声音、光线、材质等设计手段，来创建情景并引导人们产生积极体验，实现感性体验。情景式设计突破性地表现在其强调的整合性，设计者既注重整体体验的创造，还注重细节营造的精致性。在设计时强调不仅仅停留于视觉上的体验，也考虑人们的其他感官途径，如听觉、嗅觉、触觉等，以创造更加全方位、真实和持久的感性体验。情景式设计透过人类的感知渠道传递信息和感觉，以营造情境状况来影响人的体验和行为。这种设计方法主要通过色彩、材料、纹理、光线、声音、文字、图形等环境元素，创造出模拟特定情境的虚拟情景，使人们更加乐于享受环境和提高情感体验。情景式设计结合了艺术创意与科技创新，这样的设计方法融合了人类的感知、情感和行为反馈，旨在创造出一种真实、吸引人、深入人心的设计效果，为人们的工作、生活和娱乐提供更好的体验和服务。

（三）情景式康复景观设计

情景式康复景观设计（Situational Rehabilitation Landscape）是康复景观设计的一种新型发展阶段，是在综合运用环境学理论、康复学和心理学等相关学科基础上产生和发展的。情景式康复景观设计的发展历程可以追溯到20世纪70年代初。由于康复疗效受到环境和安排的影响，人们逐渐认识到环境因素会对使用者的康复产生深远的影响，从而形成了康复环境学这一学科。在此基础上，设计师开始将情景式设计方法应用于康复场所的景观设计中。1975年，哈佛大学教授Hayden与建筑师L. Feiner共同发表了一篇论文，提出了将设计概念应用于康复环境中，以提高医疗机构康复服务的质量，并提高康复者疗效的观点。此后，相继出现了多个康复环境与情景式设计相关的研究和实践，为情景式康复景观设计的发展提供了坚实的基础。现如今，情景式康复景观设计已成为重要的研究方向和实践工具，在医疗、养老、康复、公园建设等领域得到了广泛应用。

随着现代化进程的加快，人类面临着越来越多的身心健康问题。因此，在康复景观设计领域中，设计者需要思考更具有情景体验的康复景观。这种景观设计方法准确地捕捉了人类行为环境与心理之间的复杂关系，能够提供更好的恢复性环境。情景式康复景观设计通常可以通过在康复景观中创造出一定的情境，如创建一个特殊氛围的社交区域、景观元素与互动体验，来激发设计对象的参与和积极情感，帮助其康复。

情景式康复景观设计是一种将情景式设计方法应用于康复场所和康复活动中的景观设计，旨在创造出能够改善参与者身心健康、提高康复效果的景观空间。情景式康复景观设计将设计对象的个人需求和康复目标作为设计重点，通过营造舒适、安静、和谐的景观环境，激发参与者的积极情绪和乐观心态，促进康复的效果。设计师需要与康复专家、医护人员、康复者等协作，了解每一位参与者的康复需求与背景，并将要素融入到景观设计之中。情景式康复景观设计的基本要素包括：

第一，舒适的康复空间。根据康复者的身体状态和心理需求，设计符合舒适度和安全度的康复环境。情景式康复景观设计是以创造性的方式将康复和治疗特性融入到设计中的一种景观设计方法。这种方法旨在通过建筑、绿化、水景和其他景观元素，提供一个适宜的环境，帮助人们促进康复和恢复健康，提高他们的生活质量。情景式康复景观设计通过建设具有特别景观特征的场所，为身体、心理、社交等方面需要康复的人群，提供康复疗养的环境。

第二，功能性的康复元素。康复景观在设计时需要考虑到康复者的需求和心理状态，采用特别的景观元素和空间形式，创造出一种引人入胜的康复环境，从而促进康复者的身心健康。例如，在情景式康复景观中，通常会设置许多休息区、活动区和疗养区，以便于康复者在这些地方进行各种运动和娱乐活动，同时体验自然景观，以达到身心健康的目的。

第三，个性化的康复环境。情景式康复景观设计需要考虑使用者的身心状态，在景观设计中融入各种情境氛围，通过创造一种有助于康复的愉悦感和舒适感，使参与者在康复疗愈中更加积极、乐观和自信。这种设计方法需要强调康复者的具体需求，提供一个良好的社交环境，让参与者互动交流，加速康复活动进程和健康的恢复。

第四，具有寓意的康复情境。情景式康复景观设计是一种以情境和场景经验为核心，着重刻画景观形态、质感、时间感和情感价值的设计过程。情景式康复景观设计中，设计师在设计时需要考虑场景中的主体、情境的时间、空间等多个要素，将设计与环境有机结合，创造出能引起使用者情感共鸣与体验的景观。情景式康复景观设计通过场景中的元素、情境、人物、行动等来表达一种故事或情境，呈现出故事情境。创造具有寓意的康复情境，需要将景观设计融入空间环境，使其与环境产生互动和融合，营造多样的空间环境，让人们在进入场景后，能够产生积极的情感和体验感，体验不同的情景感受。

情景式康复景观设计的目的，是营造出能够打动人的体验和情感，通过视觉、听觉、触觉等各种感受，使人产生情绪共鸣和深刻印象。情景式康复景观设计通过营造一种丰富的情感和认知体验，创造出与人们自身经验和状况相关的场景和情境，从而提升空间的功能和价值。具体来说，情景式康复景观设计可以通过增强人们的感知体验，带来愉悦、舒适、安全等美好的感受，使空间更加具有感官魅力，提升空间的感受价值。在情景式康复景观设计中，可以通过符号、图案、色彩等手段传达特定信息和意义，使人们能够理解空间的意义和价值，更好地传递情景中的信息和价值。情景式康复景观设计可以营造情感丰富的场景和情境，使人们产生共鸣体验，提升空间的精神价值，创造情感共鸣。情景式康复景观设计将考虑使用功能和生态系统的可持续性，在提升空间感受价值的同时，提高其使用价值和环境价值，从而实现功能性和可持续性的提升。

情景式康复景观设计的目标，是为了给使用者提供舒适、安全和愉悦的康复环境，使康复者心情愉悦，更好地投入康复治疗，创造景观、植被、微气候等有利于身心健康的自然环境，以促进康复者的身体康复。优化空间布局、景观元素、设施设备等，以便于更好地满足使用者的康复需求。促进使用者与外界接触互动，增强社交关系，提高社区参与度，提高康复者的情绪状态，增强其心理健康和自我价值感。因此，情景式康复景观设计的目标是全面提高康复者的身心健康水平，并为使用者提供一个更加舒适、安全和愉悦的康复环境，使其更好地适应生活和社交环境。

三、关联与差异

康复景观设计、情景式设计和情景式康复景观设计都是环境设计领域的设计概念，它们之间有一些共同点和差异性。

（一）共同点

第一，都关注人的身心健康。这三种设计方向都关注人的身心健康，以不同的方式改善人的身心健康。

第二，关注环境对人的影响。这三种设计方向都关注环境对人的身心健康影响，探索如何通过设计方法来创建一个更加适合身心健康的环境。

第三，注重体验。这三种设计方向都注重通过环境设计来创造积极的身心体验。设计者使用各种设计手段，比如色彩、材质、声音、光照等，创造出不同的感官体验。

（二）差异性

第一，设计目的不同。康复景观设计关注的是人的身体康复和心理康复；情景式设计更加强调的是情感体验；而情景式康复景观设计既关注身体康复和心理康复，又关注情感体验。

第二，设计对象不同。康复景观设计主要是针对失能、老年、疾病等特定的人群；情景式设计是对公众整体的设计；情景式康复景观设计则是结合两者的设计。

第三，设计方法不同。康复景观设计通常会根据医学知识和理论进行设计；情景式设计注重感性体验；而情景式康复景观设计则将两者进行了结合。

第四，设计范围不同。康复景观设计的范围相对较窄；情景式设计更加广泛；情景式康复景观设计则介于两者之间，更加注重人与环境的互动和情感体验。

第五，设计策略不同。康复景观设计注重如何提供一种资源来改善人类健康；情景式设计更强调视觉冲击力和体验感；情景式康复景观设计则更加关注治疗效果和疗愈体验。

第六，设计要素不同。康复景观设计关注环境的安全性、可达性、无障碍性、可操作性等要素；情景式设计强调创造出一个具有清晰的故事情境、可感知的感受和印象的空间要素；情景式康复景观设计则更加注重将康复和情景式设计两者相结合。

第七，应用场景不同。康复景观设计主要应用于医疗机构、福利院和老人院等康复场所；情景式设计更适用于各类公共场所，如城市广场、公园、商业中心等；而情景式康复景观设计则可以被应用于两个场景之中。

总结三种设计都有自己独特的特点和目的，康复景观设计更注重治疗效果，情景式设计更注重视觉冲击和体验感，情景式康复景观设计则是在前两者的基础上注重设计手法和设计要素的相结合，以达到更好的康复效果。

（三）关联性

康复景观设计、情景式设计和情景式康复景观设计是近年来发展的新兴领域，其研究和实践的历史可以追溯到20世纪60年代。康复景观设计的开端可以追溯到第二次世界大战后的荷兰，当时有一些社会福利机构和医院开始为残疾人和老年人提供专门的康复景观服务。之后，这种关注康复概念的景观设计理念逐渐在欧美等地得到发展。情景式设计的兴起可以追溯到20世纪70年代的法国，发展于美国，其目的是为社区提供更具社会性、互动性和可持续性的景观设计，具有人文关怀的特点。当时人们开始意识到在医疗环境中，患者的心理和情感状态对康复有着非常重要的影响，必须为这些患者创造出具有情境感受的环境，从而提高他们的康复效果。因此，情景式康复景观设计可以看作情境化设计方法在康复领域的应用。

情景式康复景观设计是近年来发展起来的概念，是将康复景观设计和情景式设计的理念相结合，旨在为不同的群体提供更加个性化和综合化的康复与治疗方案。康复景观设计和情景式设计在探索创造更具体验性和互动性的景观设计方面有很多共通之处。随着人们对环境的需求和认识的不断提高，康复景观设计不断演变和发展，逐渐和情景式设计结合起来，形成了情景式康复景观设计。情景式康复景观设计认为，人们的行为和健康不仅受到物理因素的影响，还受到它们与周围环境的交互关系的影响。因此，在康复景观设计中，情景式设计方法强调人们与环境之间的互动，以及他们的思维、情感、第六感、文化和个性在情境之中的互动，试图通过设计来建立新的关系，激发人们的积极情绪和动力，从而实现康复和心理疗愈的目的。

因此，情景式康复景观设计是近年来发展起来的概念，是将康复景观设计和情景式设计的理念相结合，旨在为不同的群体提供更加富有特色的康复方案。情景式康复景观设计是一种更具有综合性和创新性的设计概念，它将创造更具治疗效果和人文关怀的景观设计。

第二节

情景式康复景观相关理论支撑

一、国外研究现状

国外对康复景观的研究开始较早，并将理论与实际相结合进行了实践。景观分为自然景观和人工景观，一直以来人们将景观归属为风景类视觉欣赏，直到康复景观（Therapeutic Landscape）的出现，景观作为一种可以帮助人们缓解压力的疗愈方式，被广泛地推广和运用。1975年，哈佛大学设计学院教授Florence Partridge Hayden Jr与建筑师L. Feiner共同发表了一篇名为《医院设计与康复相关性》（*Hospital Design in Relation to Rehabilitation*）的论文。这篇论文最初发表在1975年9月的《国际建筑师》（*Architectural International*）杂志上，该论文主要介绍了如何将设计概念应用于康复环境中，以提高医疗机构康复服务的质量，并提高患者的疗效。这篇论文提出了将康复环境学和建筑学相结合的理念，论文认为如果能在医院建筑中融入康复原则，并提供适宜的康复活动空间，就能帮助患者更好地适应治疗过程，并加速康复，成为康复景观和康复环境学的重要参考，因此Hayden被认为是康复景观概念（Therapeutic Landscape）的先驱者之一。1984年乌尔里希（Ulrich R. S.）开创性地提出将自然景观融入医院环境设计的观点。1992年格斯勒尔（Welbert Gesler）正式提出康复性景观（Therapeutic Landscape）的定义。以乌尔里希为代表的“压力恢复理论”（Stress Recovery Theory），强调从减缓压力角度运用景观康复原理。1999年美国加州大学马库斯和巴尔内斯（Marcus and Barnes）在《康复花园理论与实务》中提出了康复花园的设计要点与作用，提出“园艺疗法理论”（Orticultural Therapy）可以满足弱势者的身心需求，促进积极行为产生，同年他们在《医疗花园》（*Healing Gardens*）一书中归纳了医院户外景观的功能与形式。

情景式康复景观概念最早由美国景观建筑师R. W. Zimring和M. J. Reizenstein在论文《康复建筑的景观环境》中提出，该论文发表在2005年的《绿色建筑杂志》（*Journal of Green Building*）。他们提出，有效的康复环境设计必须考虑到患者的特定需求，建立具有支持性和恢复性的氛围，将有效缓解压力。环境必须是功能性的，包容不同的群体，重视陪伴的家人和朋友的需求，并首次提出了“情景式康复景观”这个概念。此后，情景式康复景观逐渐成为康复设计领域的热门话题。2009年9月由Denise A. Buhr、Tricia S. Keffer、Nicole L. Linares和Dawn P. Lissy共同编写完成《情景式康复景观设计手册》（*Handbook of Psychiatric Drugs to Landscape*）由约翰·威利国际出版集团（John Wiley and Sons Inc.）出版，该书旨在介绍情景式康复景观设计的理念、方法和实践，并提供设计案例。2010年Regina Laubach编写完成了《情境式景观设计：自然对患者的疗效》（*Landscape Design That Works: Ecology, Sustainability and Wellness*），由约翰·威利国际出版集团出版。该书从生态系统服务、可持续发展和健康三个方面介绍了景观设计和生态可持续性方面发展，着重讨论景观设计的生态环境和健康影响。2018年马库斯（Marcus）和莎克斯（Sachs）在《康复式景观》中提出了治愈系医疗花园和户外康复空间的循证设计方法。

以下为整理的国外康复景观相关书籍和论文（表1-2-1、表1-2-2）：

国外情景式康复景观相关书籍整理　　表 1-2-1

序号	时间	作者	书籍名称	应用环境	主要内容
1	1995年	莫莉	《康复花园》	花园景观	好的风景具有疗愈作用
2	1998年	玛莎	《户外治疗景观》	康复景观	具有针对性的康复性景观设计
3	1999年	库珀·马科斯	《康复花园理论与实务》	康复花园	提出了康复花园的6个作用与15项指导性设计要点
4	1999年	库珀·马科斯、巴内斯	《医疗花园》	医疗康复花园	阐述了医院外部景观的功能与表达形式
5	2009年	丹尼斯、尼克等	《情景式康复景观设计手册》	情景式康复景观	介绍了情景式康复景观设计的理念、方法和实践
6	2010年	雷吉娜·劳巴赫	《情境式景观设计：自然对患者的疗效》	情景式康复景观	景观设计的生态环境和健康影响
7	2010年	约翰内斯·马提森	《康复大地：和自然的艺术对话》	自然景观	在艺术、教育、环保等方面介绍自然生态项目
8	2014年	库珀·马科斯	《治愈系医疗花园和户外康复空间的循证设计方法》	医疗花园	针对不同患者的专项康复花园的设计方法及案例
9	2016年	戴维·坎普	《康复花园》	康复花园	各种类型的康复花园景观实例

国外情景式康复景观相关论文整理　　表 1-2-2

序号	时间	作者	文章名称	应用环境	主要内容
1	1975年	弗洛伦斯 L. 费纳	《医院设计与康复相关性》	医院康复景观	提出将康复环境学和建筑学相结合
2	1984年	罗杰·乌尔里希	《病房外的景致可能会给术后康复带来积极影响》	医院康复景观	户外景观能加速病人康复出院
3	1998年	罗杰·乌尔里希	《园艺对健康的影响》	园艺景观	园艺活动对健康有积极作用
4	1999年	达拉姆·克雷泽·乔丹	《治疗花园和治疗景观应用研究》	康复花园	康复花园景观疗愈的原理和作用
5	2005年	Zimring和Reizenstein	《康复建筑的景观环境》	康复建筑的景观环境	建立一种具有支持性和恢复性氛围的情景式康复景观
6	2005年	贝莫迪	《城市公共建设对城市居民健康的影响》	城市公共景观	合理的城市公共景观对居民具有积极作用
7	2013年	拉乔维奇	《城市绿地与城市健康的关系》	城市绿地景观	城市绿地对城市健康有重要作用
8	2020年	Melo JD	《环保和教育——后疫情时期塑造毛里求斯的未来》	康复景观	总结了新型冠状病毒疫情的毛里求斯未来康复景观道路

二、国内研究现状

我国中医学研究自然环境与人和谐共处达到治疗疾病理论，已有上千年的历史。到了明清时期，皇家园林和私家园林大量出现，这些园林在一定程度上是我国古代康复景观初步形成的场所，设计中将自然景观与人工景观相结合，更好地服务于使用者。其中，园林中的假山、水、植物等元素的合理搭配，可以达到放松精神的效果。

到了近代，虽然我国也开始对本土化的康复性景观进行研究，但研究深度和研究范围与西方国家有一定差距。目前，国内主要集中在对国外康复景观研究状况的梳理和介绍，以及科普康复景观的相关知识，情景式康复景观方面的研究较少。

1997年，罗运湖发表《跨世纪中国医院发展的新趋向》一文，提出人性回归自然，突出生态环境的"绿色医院"将是发展趋势。2000年，李树华发表《尽早建立具有中国特色的园艺疗法学科体系》（上、下），文章介绍了美国和英国在园艺疗法领域研究的发展和现状，较为全面地论述了园艺疗法的理论和实践经验，同时表达了在中国普及和实施园艺疗法的强烈愿望。2002年，梁永基等人编著的《医院疗养院园林绿地设计》一书讲解了园林绿地对医院养老院的患者人群起到的积极作用，而且进一步阐述了布局的原则和材料的选择。2005年，郭毓仁的《治疗景观与园艺疗法》提出感受庭园和照顾植物可让弱势者得到疗效。2005年，蒙小英发表《心里栖息所——托弗尔·德莱尼的花园设计》一文，对康复景观案例进行了详细介绍，并提倡遵从使用者的场所精神，设计应以人为本。2009年，杨欢、刘滨谊发表《传统中医理论在健康花园设计中的应用》一文，尝试以传统医学中的阴阳平衡为基础进行康复花园的设计，并提出了康复景观的新理论。2011年，李树华的专著《园艺疗法概论》介绍了园艺疗法的规划设计方法，推动了我国康复性景观发展。以下为国内康复景观相关书籍和论文（表1-2-3、表1-2-4）：

国内部分相关书籍研究成果　　表 1-2-3

序号	时间	作者	书籍名称	研究对象	主要内容
1	2002年	梁永基	《医院疗养院园林绿地景观设计》	疗养院景观	疗养院景观绿地设计方法
2	2005年	郭毓仁	《治疗景观与园艺疗法》	园艺疗法	园艺疗法基本概念以及历史发展脉络
3	2011年	李树华	《园艺疗法概论》	园艺疗法	园艺疗法康复理论
4	2016年	章文春、郭海英	《中医养生康复学》	中医养生康复学	阐述了中医养生康复学的概念
5	2017年	刘博新	《老年人康复景观的循证设计研究》	康复景观	讨论了老年人康复景观的循证设计
6	2018年	王晓博	《康复景观设计》	康复景观	剖析康复景观，并提及其影响和设计要素
7	2021年	陈崇贤、夏宇	《康复景观：疗愈花园设计》	康复景观	指导如何建造一个康养花园，包括理论梳理和案例分析

国内部分相关论文研究成果 表 1-2-4

序号	时间	作者	文章名称	研究对象	主要内容
1	1997年	罗运湖	跨世纪中国医院发展的新趋向	医院康复景观	提出人性回归自然
2	2000年	李树华	尽早建立具有中国特色的园艺疗法学科体系（上、下）	园艺疗法	提出建立具有中国特色的园艺疗法体系
3	2005年	蒙小英	心里栖息所——托弗尔·德莱尼的花园设计	康复花园	康复花园的概念首次引入国内
4	2007年	齐岱蔚	达到身心平衡——康复疗养空间设计初探	疗养空间	总结了康复景观的发展进程以及国内外研究现状
5	2009年	杨欢、刘滨谊	传统中医理论在健康花园设计中的应用	康复花园	将传统中医理论引入健康花园的设计
6	2010年	康伟	设计结合医疗——现代康复景观设计研究	医疗康复景观	从环境心理学角度阐述了康复景观对于使用者健康改善的影响
7	2010年	姚瑶	康复景观：给景观添点人文关怀	康复景观	通过周边特殊建筑区域、景观结合养生植物、景观结合特别运动方式进行设计
8	2019年	余茜	以康复景观为例浅谈设计心理学的意义	康复景观	运用设计心理学研究康复景观设计的意义

第三节

情景式康复景观的特征和种类

一、情景式康复景观的特征

情景式康复景观设计是依据场地布局情境展开设计，根据场地的自然及人文特征，如地形、气候、植被、文化历史等，结合人群需求构思设计康复性景观。情景式康复景观设计突破了传统景观设计的限制，将景观设计与人文、生态、环境、社会等多个领域紧密结合，使得设计更加具有综合性和可持续性，并且引入现代科技手段，使得情景中的康复景观更加具有艺术感和互动性。情景式康复景观设计是将人的需求和体验放在首位，让人们在景观中体验到舒适和愉悦，同时情景式康复景观设计还强调实践验证，通过调查和反馈不断完善设计，以达到最优化的设计效果，具体特征包括以下几个方面：

（一）突出功能性

情景式康复景观旨在为康复者提供舒适的环境、鼓励性的氛围和功能性的环境，从而让他们更好地参与治疗和康复。情景式康复景观的功能性表现在以下几个方面：

第一，具有改善心理健康的功能。景观设计可以创造出平和、安宁的环境，帮助人们缓解压力和焦虑，降低心理负担。通过将合理的元素搭配在情景式康复景观中，可以让使用者消除焦躁情绪，内部的自然景观和植物不仅可以给使用者带来视觉上的享受，还能陶冶情操，增加康复者的活力。情景式康复景观能够在一定程度上改善人们由各种压力或疾病导致的心理健康问题，能够舒缓身心、陶冶情操、缓解压力等负面情绪，同时能够培养创作激情。

第二，具有促进身体康复的功能。情景式康复景观可以提供各种运动设施和康复治疗区域，帮助患者恢复身体健康，改善身体功能。此外还可以通过园艺活动，提高使用者的协调性和耐心，可以作为辅助治疗某些疾病的方法。

第三，具有提高社交能力的功能。情景式康复景观可以创造出交流和互动的环境，促进人际交往，提高社交能力。情景式康复景观设计需要综合考虑多方面因素，包括环境、功能、技术、社交和心理等各方面，以便达到综合性康复治疗的目的。

第四，具有增强学习和认知能力的功能。情景式康复景观可以提供各种自然元素和教育场所，帮助人们学习认知、提高观察力和记忆力。基于科学的康复原则，康复景观的功能性符合现代康复学的原则和方法，将为康复者提供有效的物理和心理康复环境。

第五，具有促进环境保护的功能。情景式康复景观可以提高人们的环境保护意识，促进人们采取行动，保护自然环境和生态系统。情景式康复景观设计需要充分结合康复治疗的目的，以设计出具有功能性的环境和设施，以便给康复者提供最佳的治疗和康复效果。

（二）丰富体验性

通过营造自然景观、特色主题和充足的活动设施，情景式康复景观满足康复者的多种需求，充分激发他们对生活充满热情的体验感。情景式康复景观设计需要营造出特别的景观环境和氛围，以提高康复者的体验感，体验康复景观所带来的身体和心理愉悦感。通过营造自然景观、绿色环境和各种垂直绿化，以提供清新舒适的嗅觉和视觉感受，增强康复者的身体和心理的健康体验。采用不同特色的主题和情境，如水疗、儿童主题、开阔景象等，让康复者更好地适应治疗和生活环境，享受康复的过程。在设计中根据康复者多样性的需求，为不同年龄、不同性别群体设置适合的设施设备，如健身器材、按摩设备、康复器械、亲子游戏等，提供丰富多样的体验感。在丰富多样的活动空间中设立各种特色活动，如音乐疗法、绘画疗法、舞动治疗和陶艺疗法等，情景式康复景观通过不同种类的设施及互动方式，来激发人们主动或被动的身体活动，让康复者充分参与和享受康复治疗过程，从而提高免疫力，促进身体健康发展。

（三）强调艺术性

情景式康复景观融合了人文和自然景观，不仅展示出当地文化特色，同时也体现出其艺术性的特征，反映场地的历史、文化和地域特征，为康复者提供丰富多彩的体验和文化氛围。情景式康复景观的艺术性特征，体现在康复情景的构思与主题上的独特创意，使康复者在愉悦的环境中进行治疗，增强康复者的积极心态。设计中采用合适的色彩和材料，以表现出景观的特色与美感，让康复者感受到不同的视觉冲击。在构思景观中注重空间的布局与规划，使其达到美观与实用的平衡点，同时注重氛围的营造。艺术性还体现在合理搭配的灯光效果和音效，在夜间延长景观的使用时间，营造不同的情境，唤起康复者的感官体验，增强康复效果。

（四）关注人性化

情景式康复景观强调康复者的需求为核心，遵循人性化的原则，注重细节设计、施工实施、性价比及后期运营维护等多个方面。情景式康复景观设计通常会考虑康复者的不同体验需求和康复程度，因此，设计得越贴合康复者的需求，就越容易达到康复的目的。情景式康复景观设计的人性化特征体现在：

第一，个性化。情景式康复景观设计需要考虑到康复者的个性差异，以便根据不同康复者的个性和偏好来设计不同的康复环境。需要根据康复者的具体需求和身心状况进行个性化设计，以便满足他们的康复需求。

第二，便利性。情景式康复景观设计需要考虑到康复者的便利，包括可达性强、环境舒适、设施齐全、易于使用等方面。

第三，适应性。情景式康复景观设计需要考虑到康复者各种不同的身体、智力和感知需求，以便适应不同需求的康复者。

第四，互动性。情景式康复景观设计需要考虑到康复者需要频繁的互动与交流，以便其能够更好地与康复者和护理人员互动。

随着研究的进展，情景式康复景观逐渐从医疗机构空间扩展到城市公共空间，其目的就是为了更好地服务大众，服务人民。作为景观设计师，在设计时应该关注使用者的生理和心理情况，同时不能忽略一些弱势群体，注意细节设计，让景观环境有温度，充满人情味。

（五）注重安全性

情景式康复景观需要考虑康复者的安全问题，如地形、设施的安全性等问题，包括避免尖锐的建筑物边角、设置护栏等措施，以确保康复者在康复过程中得到安全的环境保障。情景式康复景观设计在安全性上需要考虑防止意外伤害，在景观设计中需要采用安全防护措施，特别是老年群体和婴幼儿人群，需要设置防护栏杆、安装防滑地面、清除障碍物，合理规划交通流线，设置交通标识，设立专门的人行通道，保证康复者的出行安全。另外，需要考虑到可能存在感染的风险，因此需要采取一系列的防护措施，如定期清洗消毒、防疫宣传、保持合适的社交距离等，防止感染风险。情景式康复景观能够系统地改善人们的精神面貌，使人们稳定情绪、增强沟通和具有安全感，从而更好地参与社会活动。

（六）景观生态性

情景式康复景观应考虑景观的生态功能，与周边环境协调一致，促进自然界的健康和生态平衡。城市化的加剧使都市中的人们更加渴望自然，康复景观中特殊的自然元素组合不仅具有视觉上的美感，还能让人从心理上与自然更近，达到放松的效果。景观生态性的特征体现在生物多样性上，不同植物的生长环境和地区，具有不同物种的生态要求，建立一个适宜生物多样性的生态环境，是情景式康复景观设计的重要目标。在节能环保上，康复景观充分考虑节能环保问题，如善用再生能源、选择环保材料、减少废物的产生等，保护自然环境，减少对环境的污染和破坏。康复景观的情景设计中，合理利用水资源，采用雨水收集、水循环利用等方式，节约用水，减少绿化用水和雨洪问题发生。同时，改善生态环境，在植物的选择、配置园林景观等方面，运用情景化的设计手法改善环境质量，从而增加城市“绿肺”，为人们提供更好的康复减压的休闲环境。

二、情景式康复景观的种类

情景式康复景观的分类方式较为复杂，按照使用要求分类，可以分为医疗机构附属康复景观、养老机构中的康复景观、特殊学校的康复景观等；按照主要功能可分为冥想花园、感官花园、园艺疗法花园、疗养治疗景观；按照使用人群可分为儿童康复景观、老年人康复景观、残疾人康复景观、各种伤病患者的康复景观；按照参与方式，情景式康复景观可分为参与性康复景观、观赏性康复景观、互动性康复景观。

按照设计方向分类，情景式康复景观包括以下几种：

第一，自然类景观。以自然为主题，通过植物、水体、地形等元素创造出对人体及精神健康有积极作用的环境，具有舒缓、放松的效果。自然景观采用大量的天然材料、绿植和水景等元素，创造出一种自然且放松的氛围，有助于缓解心理压力，提高身体和心理健康。

第二，艺术类景观。在景观中加入艺术元素，如雕塑、广场等，使景观呈现出美学价值并具有艺术性，景观中融合了各种艺术、文化、科技等元素，可以激发使用者的想象力和创造力，满足不同群体的需求。

第三，社交类景观。通过营造出能促进社交与互动的环境，使社交场所成为人们放松身心、舒缓压力的温馨场所。

第四，历史文化类景观。情景式康复景观应该具有本土特色，体现当地的文化、历史和传统，设计中尊重当地居民文化认同和价值观念，能够激发他们对本土文化的情感认同。情景式康复景观设计通过改善周围的现实环境，使其更具有艺术价值和美学感受；通过景观美化和绿化，营造出宜人的环境和氛围，提高人的身心健康和幸福感；通过景观设计来弘扬当地文化，并且让更多的人了解当地文化的演变过程，从而建立起对当地文化的认识和理解。

第五，健康场所类景观。针对康复和养生人群，景观设计不仅依据自然和艺术元素创造出放松和活跃的环境，更植入了康复和养生相关的细节设计，如理疗区、健身设施等。健康场所景观设计中，融入了恰到好处的色彩和构图，使得整体布局和环境配合更加和谐，有助于用人们的情感和视觉感受来提高身体和心理健康。

三、价值与意义

研究情景式康复景观特征的价值在于可以为康复设计提供指导意义，情景式康复景观是康复场所的一种特色设计，它根据康复者的年龄、性格、兴趣等特征设置，通过美化环境、增加使用者的参与感等手段促进康复进程，研究情景式康复景观的特征有助于提高康复者的舒适度，促进疗愈效果的实现。关注情景式康复景观特征的研究有利于改进现有的设计标准，推进康复设施的发展，促进基于人体反应的康复场所建设，并在实践中不断探索，选择有效的康复景观策略，有助于解决和弥补现有康复性景观环境中存在的问题。

研究情景式康复景观种类的价值在于丰富了康复景观的设计内涵，情景式康复景观是根据不同类型的康复行为和康复者的需求进行设计的。研究不同种类的情景式康复景观有助于设计师了解其特点和设计原则，更好地丰富和创新康复景观的设计，提高康复者的治疗效果和体验感；可以了解区域差异、文化差异等因素对康复场所的影响，为康复场所的差异化发展提供启示，从而促进康复类型的差异化发展；可以为康复场所提供更加完善的建设思路。了解使用者的需求和不同类型的康复行为，就能够更有效地设计出相应的康复景观，为参与者提供更优质的康复环境和场所。

情景式康复景观是一种特殊的康复环境，它将自然环境和人工景观相结合，为使用者提供一个可靠、安全和宁静的康复场所。通过研究情景式康复景观的特征和种类的价值和意义，可以帮助设计师更好地为使用者创造舒适宜人的康复环境，提高康复疗效，促进相关行业的发展和创新。情景式康复景观的运用范围广泛，不仅可以运用于医院和养老院，还可以运用于学校、社区、公园、儿童乐园和商业空间等场所。因此，研究情景式康复景观的特征和种类也可以为其他行业提供一些有价值的参考。

第四节 设计对象行为与需求分析

一、行为需求研究背景和意义

（一）研究背景

行为需求研究是一种基于人类行为的经验和现象，在了解人类需求的情况下进行的研究。随着人们的生活方式、文化环境和消费习惯的改变，对行为需求研究的需求越来越大。行为指的是人类的行为模式、活动和反应，它是由生理和心理状态、个人经验、文化背景以及环境作用等多种因素综合影响的结果。行为可以是有意识的、目的性的，也可以是无意识的、反应性的。需求是指一种被人认为必需的、有价值的东西，可以是生理上的、心理上的或社会文化上的，需求往往是由生理和心理的欲望、文化需求、社会压力、消费者经验等多种因素所驱动而产生的。行为和需求互相作用，需求带动行为，行为满足需求。人类的行为和需求是相互关联和相互作用的，需求会影响行为的出现和形式，行为也会影响需求的变化和内容。

行为需求主要研究环境中人的行为和心理需求。环境中人的行为，属于环境行为学（Environment-behavior Studies）范畴，是研究人与周围各种尺度的物质环境之间相互关系的科学。它着眼于物质环境系统与人的系统之间的相互依存关系，同时对环境的因素和人的因素两方面进行研究。按照马斯洛的需求层级理论，可分为五个层次：生理需要、安全需求、社会需求、尊重需求、自我实现需求。常规设计一般满足前三种基本需求，尊重需求和自我实现需求则是人们的高层次需求，往往也是潜在的、隐性的需求。人与环境的关系具有多样性的特征，既能够消极地适应环境，也可以能动地利用环境所提供的要素，主动地改变周围的环境，达到对理想生活的追求。需求递进的过程，表现为从消极适应到能动利用再到主动改变，即从生理需求为满足生存愿望最终到自我实现需求为满足人生价值的递进。因此，需求的层级也是人的行为活动的递进，人在环境中的行为活动是环境设计构成的基本信息，只有获取这些信息才能了解人对环境的需求，才能实现满足人们高层级需求的环境设计，做“以人为本”的设计。

（二）意义与价值

情景式康复景观研究是基于人类行为和需求的研究，了解使用者在康复环境中的行为需求，对于创造符合其需要的环境具有重要意义。同时，了解行为需求可以帮助设计师更好地理解患者的需求和期望，并且可以更好地制定设计策略。例如，了解患者对于康复景观中的色彩、质地、光线等的偏好，可以有效地指导设计师的选择。此外，考虑到康复的目的是使患者的行为需求得到恢复和改变，情景式康复景观的设计应该更加综合，在提供必要行为支持的同时，解决患者在康复过程中心理和情感上的需求。行为需求对于情景式康复景观研究具有重要的背景和意义。

在情景式康复景观中研究行为需求的意义与价值主要体现在以下几个方面：

第一，发现患者的需求和偏好。研究患者的行为和需求，可以更准确地了解他们所需要的康复环境的特征和条件，从而更好地为患者定制个性化的康复方案。

第二，制定更科学的康复设计方案。通过了解患者的行为和需求，可以为康复景观的设计提供依据和指导，帮助设计者合理选用景观元素和建筑构件，创造出符合患者需求和习惯的康复环境。

第三，提高康复效果和满意度。将患者的行为和需求纳入康复景观设计的考虑范围，可以提高康复场所的舒适性和可用性，从而改善患者的心理状态，加速身体康复，提高康复效果和满意度。了解患者的行为和需求，可以更好地满足患者的生理和心理需求，从而促进患者的康复进程。

第四，促进康复景观设计的创新和发展。基于对行为与需求的深刻理解，设计师可以创造更具创意和创新性的康复景观设计，推进情景式康复景观设计的发展和进步。

总之，研究行为与需求在情景式康复景观设计中可以帮助设计师更好地了解患者的实际需求和期望，创造更符合患者需求的优质康复环境，从而有效地促进康复效果和提高患者生活质量。研究患者行为与需求是情景式康复景观设计中优化的重要环节，是创造高质量康复景观的必要前提之一。

二、人的需求层次

使用者的“需求”可成为设计者设计理念和创作灵感的来源，可成为设计师获取设计灵感的基石，并由此寻找并揭示那些真实的甚至被遮蔽的需求，这是“以人为本”的设计的起点和关键。从设计心理学入手探求人们的真正需求，了解他们的需求层次。在《设计心理学》里，诺曼指出，人的需求层次包括本能层次、行为层次和反思层次三种需求层次。

本能层次、行为层次和反思层次这三个心理学概念，描述了人类心理活动的不同层次。

第一，本能层次是指人类最原始、最基本的本能和需求。本能需求驱动着人们的行为和决策。本能层次设计是满足自然法则层次需求的设计，其原则是先天的，不分种族和文化，是令人愉快的设计，在本能层次，观察、感受和说话等生理特征起主导作用。在情景式康复景观的本能层次运用上，设计师可以考虑康复环境中患者的基本生理需求，通过提供自然元素如植物、水和日照，来满足他们的基本本能需求。例如，绿植提供新鲜空气、光线带来视觉体验、水体提供自然的声音和氛围等，创造出放松、舒适的环境，满足患者的本能需求。

第二，行为层次是指人类通过学习和经验所获得的行为模式和习惯。行为层次设计关注功能的实现，易用性、可达性、方便性、愉悦性是行为层次实现的重要因素；在情景式康复景观的行为层次运用上，设计师可以通过考虑患者的活动和行为模式来设计空间，通过创建实验性质的康复环境来提供患者行为学习的机会。例如，设计师可以创建步行道和动态景观来鼓励患者进行运动，还可以增加刺激性的康复设施，如攀岩、跳水和攀登等，以提供锻炼和体验的机会，帮助患者建立积极的行为模式和习惯。此外，还可以增加座位和照明等元素，为患者提供休息和社交的空间。

第三，反思层次是指人类能够去思考自我行为的层次。反思层次让人类能够反思自己的信仰、价值观、动机和行为。在反思层次上，人类可以根据自己的理性思考来做出更好的选择和决策。反思层次设计的内涵与其内容、含义、用途息息相关，外延覆盖诸如信息、文化和思想诸多方面，对于一个人来说，正是某个体验激起了私密记忆。在情景式康复景观的反思层次运用上，设计师可以考虑如何刺激患者的智力和情感，并鼓励患者思考自己的改变和成长，可以通过呈现艺术作品、提供社交活动和创造带有象征意义的康复元素来实现；还可以通过提供草坪、阅读区和静态花园等反思场所来鼓励患者思考、互联和自我反思，创建一个专门的安静区来满足患者反思和放松的需求，从而帮助他们提高意识和精神状态，实现自我反思和康复疗愈。

本能层次、行为层次和反思层次三者之间是相互关联、相互促进、相互作用的。在本能层次上，需求和欲望驱动了行为，引起人们寻求解决方案，这可能通过其他层次的思考来实现。在反思层次上，人们通过思考和分析自己的行为和体验，来理解自己和周围世界的更深层次。反思的过程鼓励了自我升华并促进人的成长，反思的结果也可能塑造和影响人们的行为和思考方式。因此，本能层次、行为层次和反思层次并不能十分清晰地区分，它们之间通常形成了一个相互作用、紧密相连的整体。在情景式康复景观设计中，本能层次、行为层次和反思层次的概念可以应用于不同的设计层面，同时三者之间相互关联、相互促进。总之，在情景式康复景观设计中，本能层次、行为层次和反思层次的研究可以用于理解患者的需求层级，并根据需要提供相应的环境和条件来鼓励他们重建健康和自我认可的力量。

三、人群需求分析

不同年龄人群根据不同的生理、心理和行为特征，对康复活动有不同的诉求。将儿童和青少年群体、青年群体、中年群体、老年群体分类，以心理和行为特征为基础，研究各自不同的生理与心理需求，具体研究如表1-4-1所示：

不同年龄段人群的健康问题及需求　　表 1-4-1

年龄层	心理和行为特征	生理和心理的健康需求
儿童和青少年	身体和智力的发育期，好奇心强，初步建立了抽象逻辑，思考能力处在初级水平，易受到社会的影响	免疫力较差，容易沉迷电视和电子游戏，学习时间长，体力活动不足;缺少家人陪伴、缺乏社交、学业压力大容易导致孤独、抑郁、紧张和社交障碍等心理问题
青年	生理和心理都逐渐成熟，自我意识较强，追求独立的人格	工作时间过长、压力过大、饮食不合理、作息不规律，易导致身体出现亚健康状态
中年	身体开始逐渐地衰老，智力相对稳定，家庭责任不断增加，社会责任感不断提高	生活和工作压力过大、缺乏体力活动，慢性病发病率高，精神疾病易发
老年	免疫功能下降、生理机能衰退、新陈代谢减慢、感知力退化，对环境的适应力降低，心理问题增多	身体疾病会逐渐增加，因为社会角色和活动结构产生变化，心理易受身体及外在环境的影响，随之产生孤独感、无助感及失落感等心理问题

（一）儿童和青少年群体的特征与需求

由于学业压力以及家长重视程度不够等原因，我国城市儿童和青少年参与户外锻炼的频次较少，在耐力、协调力和速度等体能指标上，与国际标准还有一定的差距。建立良好的户外环境，让孩子们参与游憩玩耍、户外探索、观察植物等活动，了解外界事物，增加与自然接触的机会，非常有必要。因此，在设计时可根据儿童和青少年身心、行为等多方面的发展需求，营造出适合他们的活动空间。户外的锻炼与玩耍不仅可以降低对电子产品的依恋，更有助于身体和心理的健康。

各年龄儿童及青少年群体特征与需求　表1-4-2

年龄	年龄层	生理和心理特征	需求
0~3岁	婴幼儿	感官知觉初步发展，喜欢观察彩色事物，对声音也较为敏感，须在家长陪同下玩耍	容易受到伤害，外环境安全性需求较高，须有家长保护
4~6岁	学龄前	具有一定的空间能力和形象思维，探索欲和求知欲较强，协同能力同步加强	参加简单的园艺活动和园艺游戏，体验大自然的乐趣
7~12岁	学龄儿童	体力、行动力增强，比较在意具体形象，智力增长，行为具有无意性，受社会影响较多	适当的体育锻炼，对于儿童的身体发育有利，因此宜设计小型运动活动区
13~18岁	青少年	自我意识增强，具有独立人格和自尊心，以学习为主要活动，体能和智力进一步提高，较易产生叛逆心理	增强体育活动，设置硬质体育运动场地；设置植物区域，缓解眼睛疲劳

通过表1-4-2，可以看到情景式康复景观中，儿童和青少年群体的特征和需求主要表现在以下几个方面：

第一，刺激性的环境。儿童和青少年具有好奇心和探索欲望，他们喜欢探索周围的环境，需要一个可以为他们提供刺激和发掘兴趣的场所，可以通过创建森林树洞、巨型滑梯、攀岩墙等元素来呈现。

第二，足够大的空间。儿童和青少年的行为活跃度较高，需要有足够大的空间可以奔跑、玩耍和活动，因此景观中要考虑充足而灵活的活动空间。

第三，社交化的环境。儿童的情感表达能力相对较低，因此在景观设计中需要考虑如何使用色彩、质感、光线等元素来与他们进行情感交流，布局一些社交化的场所，比如草地户外席、动物座位区等元素，以帮助儿童更好地表达自己的思想和情感。

第四，可互动的对象。儿童对小动物、花卉等自然元素往往有着特别的喜爱，因此景观设计中应充分考虑如何提供足够的自然元素，让他们与自然产生共鸣。

第五，易识别的元素。儿童的认知水平较低，对环境中的各种元素的感受有限，因此景观设计中要考虑贴合他们的认知特点，让他们能够轻松体验场所的乐趣和价值。

第六，安全的环境。儿童和青少年在成长过程中容易受到意外事件的影响，因此在康复景观中必须尽可能地营造安全的环境，比如通过软性材料的使用来减少受伤的风险。

研究情景式康复景观中儿童和青少年群体的特征和需求，可以通过了解儿童和青少年群体的特征和需求，更好地满足他们的理性和感性需求，从而提高康复效果，促进他们的身心康复。通过了解儿童和青少年群体的特征和需求，可以根据他们的个性差异，制定更有针对性的康复方案，使康复服务更加人性化、个性化。了解儿童和青少年群体的特征和需求，可以根据他们的行为和心理习惯，合理地选用景观元素和建筑构件，在康复环境的设计中充分考虑他们的需求，提高康复环境的质量和效果。随着儿童和青少年康复理念的深入人心，针对儿童和青少年群体的情景式康复景观也将变得越来越受欢迎，有很大的市场潜力。

研究儿童和青少年群体的特征和需求，对于情景式康复景观的发展具有以下两方面的推动性：一方面，通过深入研究儿童和青少年群体的特征和需求，可以更加准确地捕捉到他们的康复需求，为情景式康复景观的设计定位提供更加科学的基准；另一方面，研究儿童和青少年群体的特征和需求，可以为情景式康复景观提供更好的服务模式和服务内容。具体来说，场所的互动性、趣味性等多个因素都得到了更细致的关注和完善，为儿童和青少年群体的康复景观设计与实施带来更多的创造性和新鲜感。

（二）中青年群体的特征与需求

随着经济发展，中青年群体对自身健康的关注度逐渐升高，中青年群体认为自己有压力的困扰。压力来源于各个方面，最大的压力来源是工作和经济问题，压力常常会导致精神状态不佳和生活习惯的恶化。中青年群体的压力因素是形成亚健康的原因之一，常常会引发以下问题：一是容易引发焦虑、抑郁等心理问题；二是出现失眠、慢性疲劳综合征等生理问题；三是交流能力退化，不愿与人交流，常常会感到孤独等社会问题。

《中国城市青年群体健康观念调查报告》中提到，88.85%的城市青年存在健康困扰，亚健康成为普遍状况。具体来看，43.50%的城市青年存在“易疲倦”的症状，存在“肩颈不适”和“记忆力下降”症状的城市青年所占比例分别为38.88%和36.25%，以上是受访者中排在前三的健康困扰。“脱发”“消化不适”“睡眠障碍”和“免疫力下降”也是城市青年群体中较普遍的困扰（图1-4-1）。

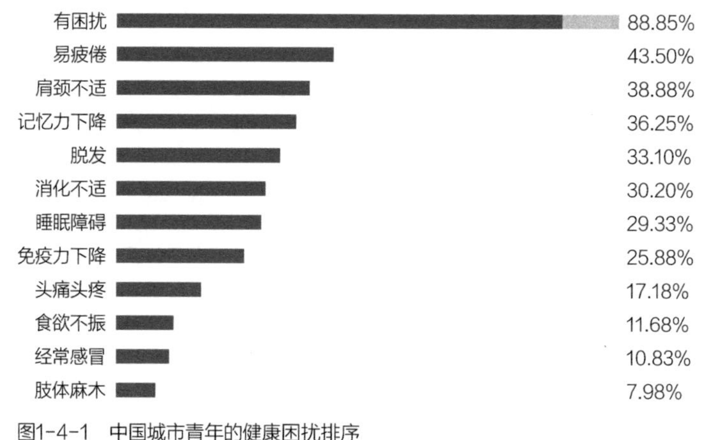

图1-4-1 中国城市青年的健康困扰排序
［来源：“新华健康”信息服务平台（《经济参考报》）］

报告调查了受访者的睡眠情况。从结果来看，有接近两成的青年（19.21%）睡眠质量较差或非常差；40%左右的青年睡眠质量一般；只有不到一半（41.29%）的受访者自感睡眠较好或非常好。从睡眠质量与年龄的分布关系来看，18～19岁的城市青年睡眠情况最好，40～45岁的城市青年其次，而20～29岁是自评睡眠最差的年龄组。对于心理焦虑问题的调查，报告采用的是“GAD-7”量表，其生成为一个0～21之间的连续得分，按照得分共分为四个层级：没有焦虑（0～4）、轻度焦虑（5～9）、中度焦虑（10～14）和重度焦虑（15～21）。可以看到，近二成（17.96%）的城市青年存在中度及以上的焦虑状况，四成左右的城市青年有轻度的焦虑症状，还有另外四成受访者无焦虑感受。（图1-4-2）

由中科院心理研究所和社会科学文献出版社联合正式对外发布了《中国国民心理健康报告（2019—2020）》，通过对不同年龄段之间的心理健康指标进行统计检验，可以发现年龄差异显著。随着年龄增

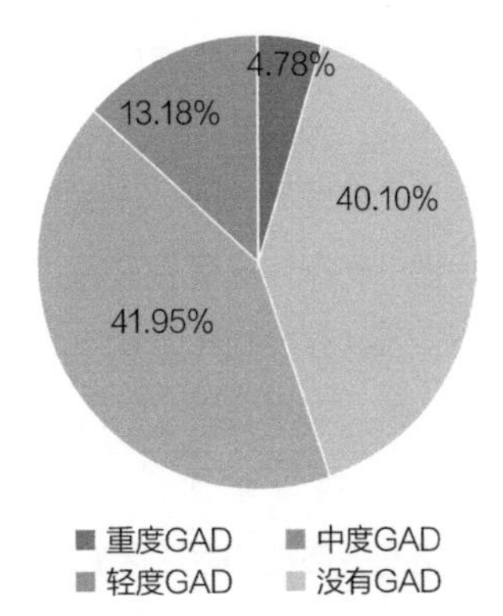

图1-4-2　中国城市青年焦虑的总体情况
［来源："新华健康"信息服务平台（经济参考报）］

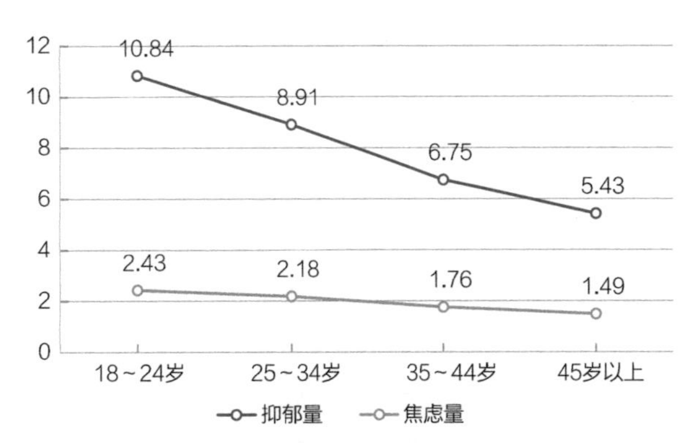

图1-4-3　不同年龄段的抑郁量和焦虑量表均值
［来源：中国国民心理健康报告（2019—2020）］

大，以中国心理健康量表衡量的心理健康指数呈现逐渐升高的趋势，抑郁和焦虑水平则呈现随年龄增大而降低的趋势。其中，抑郁水平在四个年龄段之间的差异均达到显著水平，随着年龄增大，抑郁水平大幅度降低。焦虑水平在18～24岁与25～34岁两组之间差异未达到显著水平，其他组间差异均显著。也就是说，18～34岁的青年，焦虑的平均水平高于成人期的其他年龄段。这一结果提示，青年期的心理健康问题较为多发，需要重视青年心理健康问题的预防与干预。（图1-4-3）

针对一定程度的心理问题和焦虑情况，中国城市中青年群体更愿意通过休闲活动进行缓解，而非通过医疗手段介入。报告显示，阅读、看电影、看娱乐节目、进行跑步游泳等有氧运动，玩电子游戏以及外出旅游等休闲活动是城市中青年首选的缓解举措。（图1-4-4）

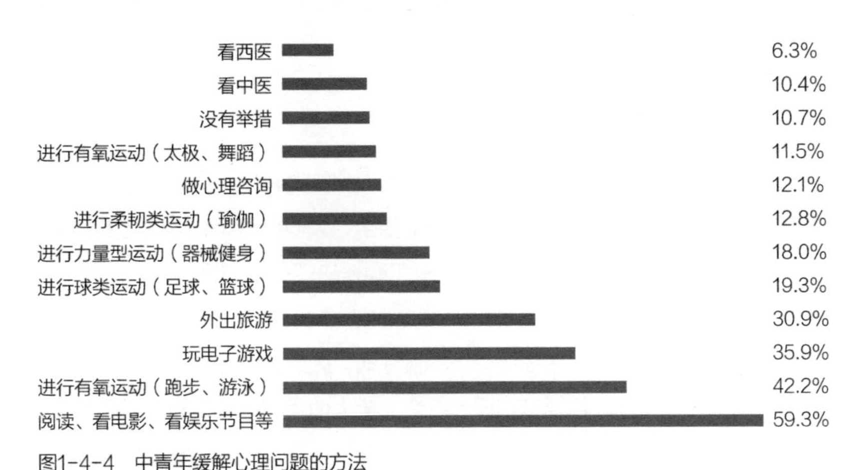

图1-4-4　中青年缓解心理问题的方法
［来源："新华健康"信息服务平台（《经济参考报》）］

从就医方式的年龄分布来看，随着受访者年龄的增长，选择中医的比例相比更高。如在40～45岁年龄段中，无论是面对日常疾病还是重大疾病，选择中医的比例都高过西医。这可能一方面与"青年"这一庞大群体内部较大的观念区隔和取向差异有关；另一方面也可能与中国人的生活习惯和健康观念变化的年龄属性有关。

从以上报告可以看到，可以进行各种有氧运动的情景空间，是中青年群体对情景式康复景观的需求，城市公园、主题乐园和社区花园等都是康复性景观的运用范围。在情景式康复景观里，中青年群体的特征和需求主要包括以下几点：

第一，健身和锻炼的需求。中青年人注重身体健康和运动锻炼，他们需要有一些健身设施，并且更关注运动的乐趣和体验，他们需要体育设施、慢跑道、健身器材等设施来满足他们的身体锻炼需求。

第二，放松和减压的需求。中青年群体多数处于职业和家庭的双重压力下，工作强度和压力较大，需要一个能够缓解压力的环境，如园林、水景方案等，为他们提供一个舒适的环境，带来愉悦和轻松的状态。

第三，独处需求。中青年群体独立意识较强，他们需要有一些属于自己的空间或独立的活动区域，以便在不影响他人的情况下进行自己的活动。

第四，社交需求。中青年人注重社交，喜欢和朋友或家人一起外出活动，在景观设计中应该考虑如何为他们提供温馨、舒适的休息空间以及实现社交化的场所，如休闲座椅、屋顶花园等。

第五，追求新奇与刺激的需求。中青年群体求知欲强，追求新奇和刺激的体验，对于新颖性和创意性的效果较为关注，因此在康复景观中可以加入趣味性和刺激性设计元素，以吸引他们的注意力，另外与景观有关的艺术元素、科技化的展示空间也很适合中青年群体的互动需求。

景观的环境感知与空间功能影响着城市居民的生活方式，以人为本的公共景观环境的优化对于居住人群健康具有一定的必要性。中青年逐渐成为“疗愈康养”的主力军，“以养为手段、以康为目的”的生活方式，是结合外部环境提升身体活力和减轻压力的重要手段，运用情景式康复景观理念可以满足中青年对于健康方面的需求。研究中青年群体的特征和需求，可以根据其爱好和需求，设计出更为舒适、合理的康复环境，从而提高环境质量和满意度。中青年群体是社会的重要力量，他们的身体健康和康复需求直接关系到社会的发展和进步，研究中青年群体的特征和需求，有助于推动康复事业的发展和进步。

（三）老年群体的特征与需求

老年群体由于年龄的原因，各项身体机能都处于缓慢退化的过程中，身体和思维的反应变得迟缓，多数老年人对邻里关系、认同感和私密性都有较强烈的要求。大多数老年人退休之后的闲暇时间较为充足，对户外活动有更多的要求，因此根据老年人生理和心理的特征与需求，设计出与之对应的康复景观，做到细致和人性化，满足老年群体的健康需求。（表1-4-3）

老年群体身体状况普遍较为脆弱，往往伴有多种慢性病，因此在情景式康复景观中需要考虑老年人的健康需求。许多老年人行动不便，需要特别设计符合老年人使用的辅助设施，如坡道、扶手等，方便他们顺畅地行动。老年人心理抗压能力相对较弱，所以需要设计具有安抚和舒缓作用的景观，例如音乐

老年群体生理特征与需求　　表 1-4-3

生理特征	康复景观需求
神经系统退化	设计时注意道路的识别性以及与空间环境保持稳定性，同时也要增强空间的识别性
骨骼退化	无障碍设计，注重铺装的防滑性，坡度比不得大于1：12，注意安装扶手等借力装置
心血管功能降低	增加复健步道、运动主题景观空间的设计，提升老年人运动量
气候适应能力低	设置有阳光的休闲区，合理安排地被植物、乔木以及灌木的位置，改善场地小气候

续表

心理特征	康复景观需求
社会认同感、归属感	构建社区菜园，利用园艺疗法的操作方式组织老年人种植果蔬，增加社区活动的种类，增强可参与性与可操作性。景观材料的选择尽量本土化，小品、标识等与本地历史文化结合设计
安全需求	植物的无害性、规范道路的设置、紧急呼叫装置的设置，安全材料的选择
邻里社交需求	注意场地中开敞性空间、半开敞和较私密空间的交叉，满足不同老年人的不同社交需求，如：开敞空间可打太极、跳舞；半开敞空间可以打牌、下棋，较私密空间与老友交谈聊天
自我实现需求	园艺疗法可使老年人在参与园艺活动的过程中提高满足感和成就感，此外举办比赛、演出等活动，鼓励和引导老年人参加

喷泉、植物园等。一般来说，较多老年人缺乏社交资源，因此需要提供一些社交空间和活动场所，还有部分老年家庭孤单，需要通过情景式康复景观提供关爱和支持。具体来说，老年群体的需求主要包括以下几个方面：

第一，安全和舒适的环境。老年人在康复过程中需要一个安全稳定的环境，景观设计需要考虑老年人的可控风险，特别是预防跌倒、滑倒等事故的发生；同时，场所的舒适度也需要保障，确保老年人有充足的休息空间以及具备良好的通风、采光条件。

第二，熟悉与愉悦的场景。老年人常常对过去的回忆深刻，而对当前的刺激与环境认知又有所衰退，因此在场地及景观设计上要考虑到这种情况。设计要包含老年人能够熟悉并感到熟悉的景观元素，启发他们的回忆，带给他们愉悦。

第三，互动和社交的空间。老年人往往因为身体状况变化、丧失亲人等原因而感到孤单，景观设计应当考虑到老年人的社交需求，为他们提供交流和互动的机会，让他们与其他老年群体形成友好的社交网络。同时，景观设计应当充分考虑到老年人的特别需要，例如无障碍设施、充足的座位和吸烟区等。

研究老年群体的特征和需求价值在于，可以更好地为老年人提供更适宜的场所和更完善的康复服务，对于情景式康复景观的发展具有以下两方面的推动性：

第一，使情景式康复景观的定位更加精准。通过深入研究和分析老年群体的特征和需求，可以更加准确地捕捉到老年群体的康复需求，为情景式康复景观的定位提供了更加科学的基准。此外，我们还可以为他们建立更符合他们身体特点和心理需求的康复场所和服务模式，增强康复效果，降低康复风险。

第二，使情景式康复景观的服务更加优质。研究老年群体的特征和需求，可以为情景式康复景观提供更好的服务模式和服务内容。具体来说，场所舒适度、目的符合度等多个因素都得到了优化，增强了老年人康复效果，降低了康复风险。此外，还可以逐渐从老年人的角度出发，构建更加贴近他们需要的康复空间体验。通过研究老年群体的特征和需求可以让设计师更好地与老年群体沟通，让老年人更深刻地了解自己的身体状况和康复需求，促进他们在康复中的配合度和积极性，提高他们的康复意识和自我管理能力。并针对他们的身体状况、认知能力、兴趣爱好等因素，为老年人提供更为适宜的康复环境。

随着老年人比例的增加，情景式康复景观的需求也越来越高，提高情景式康复景观的人性化程度和服务质量，能够更好地增加老年人的满意度，推进健康养老和康复产业的发展，推动情景式康复景观的全面发展。

第五节

行为需求对情景式康复景观的价值和影响

人与环境的关系，也就是人在环境里所发生的行为，属于环境行为学的研究范畴。人与环境之间，不仅紧密联系而且相互影响，环境行为学把人的行为（包括经验、行动）与其相应的环境（包括物质的、社会的和文化的）之间的相互作用结合起来加以分析。环境行为学强调通过特定情景来影响个体的心理、认知以及行为，因此也可以认为环境是一种刺激性状态，并通过人们的行为举止和内心活动反映出来。就像人们会倾向于让自己处在轻松舒适的环境中，来改变其心理状态。运用到景观空间中，可以通过对人群的生理特征、心理需求进行归纳总结，为景观空间的设计提供参考依据，不同的空间尺度和社交距离，会对人的心理和行为产生不同的影响。

情景式康复景观设计旨在为人们提供一个具有复原功能的环境，以促进身体和心理康复。了解人的行为和需求对这种设计的价值非常重要，因为它可以确保设计师考虑到用户的需求和期望，从而提高康复效果。具体来说，研究人的行为和需求可以帮助设计师创建一个实用、舒适、易于使用和鼓励活动的环境。例如，行动受限的人群需要合理的坡度，且需要提供安全的扶手或固定设施以保证身体的平衡。此外，了解人的需求也可以帮助设计师打造出舒适的休息区和社交聚集地，以及提供足够的遮蔽和防晒设施，以帮助用户保持舒适，而且有利于促进社交互动和自我管理。总的来说，研究人的行为和需求可以帮助情景式康复景观设计更好地满足用户的期望，以实现更好的康复效果。

研究人的行为与需求对情景式康复景观设计有着重要的影响，了解人的行为和需求可以帮助设计师创建一个舒适、安全的康复环境，从而最大限度地减少不良反应的发生，创造舒适的环境。了解人的行为和需求可以帮助设计师选择和安排康复设施，使其最大限度地应对不同需求的用户，更好地配合康复人员进行康复训练，帮助他们尽早恢复到健康的状态，达到康复效果。了解用户如何操作设备以及他们的环境需求，帮助设计师设计更加合适且易于使用的设施，从而使康复人员得到更好的康复体验，提供便利的用户体验。综上所述，了解人的行为和需求对情景式康复景观设计非常重要，能够增强康复效果，提供更好的康复体验，提高用户的舒适度和安全性。

02

第二章

特殊人群中精神疾病患者的康复设计策略

第一节
行为需求调研的一般方法

仅仅是满足人们生存需求的环境设计，已经不能实现大众对理想生活的憧憬了，因此提倡以使用对象行为需求为前提的策略，逐渐成为设计的主流。关于行为需求调研的一般方法，侧重现场感知的学者提出在现有的设计模式基础上，增加建筑计划学的研究，用以正确把握人们对建筑物在生活上的使用要求，通过对环境实态的调查分析，将使用者的要求组织化并转换成设计目标。侧重用户个体化需求的学者主张通过查阅文献及对用户（脑卒中患者）进行访谈调研两者结合的方法，对用户行为需求进行分析，完成康复产品设计输出。随着互联网和短视频平台的发展，有学者开发了针对网络和手机用户的多模态情感分析（AV-MSA）模型，通过计算机数据方式分析用户喜好从而评估使用者行为需求。因此，问卷调查、访谈、网络数据统计和分析获取使用者的行为需求，是目前较为普遍且成熟的方法。

第二节
寻找问题：跟随调查法的引入

针对精神卫生中心这样具有特殊环境要求的设计，采用惯常的需求调查方法只适用于医生和院方管理者群体，而针对精神疾病患者这样的特殊人群，如果还是采用问卷调查之类的调研方法，是难以获得病患真实需求的。精神病患者是一个极为特殊的群体，且类型各不相同，常见的精神病种类有功能性、器质性精神障碍、精神发育迟滞、人格障碍及性心理障碍等，主要表现为狂躁症、抑郁症、焦虑症、被迫害幻想症、老年痴呆症、自闭症等症状。这类病患作为调研对象，他们几乎很难采用正常的方式表达自己的需求，精神不稳定，注意力难以集中，不但语言上难以表达，在行为举止上往往也难以让人明白其意图。在这样的特定环境下，调查者需要进入调查对象的生活，与他们彼此面对、真切交流，亲眼观察他们生活中的重大事件与日常琐事，进行参与观察的具身性实践。精神医院作为特定场所，患者是被保护的，不能随意接触，调查者不能采取惯常的调查模式，需要在医生的配合下有限制地观察调研对象。“跟随调查法”策略，具体做法是通过跟随观察病患，逐步参与他们的日常生活，调查者采取视觉和听觉方式观察、交流和记录，以被跟随者的角度感知和思考。调查者不再是置身事外的旁观者，而是参与到调研对象生活的有情感、有感受的人，与调查对象形成情感纽带。情感和身体的参与，可以为理解那些通常被认为是无法了解的病患行为提供线索，从而梳理并反映他们的特定性需求。情感体验帮助调查者与调查对象产生联系，体验调查不是局部感知，而是体验对象的整个情境系统，包括主观、情境化、复杂、动态等方面。获得病患的需求体验将加深对问题的理解，若单一从医院或者建筑场地层面来寻求解决之道，设计便很难具有人文关怀。

采用有针对性的病患跟随调查，观察特定环境里在时间、空间、性别、年龄、行为偏好、使用功能等诸多方面使用对象的多重信息，形成并整理出需求数据和图表。这样的使用对象行为需求，可作为设计的基础资料，设计人员将专业知识与使用者的行为信息有机地结合起来，将成为针对精神疾病患者这一特殊人群需求设计工作中最有效的一环。以重庆市精神卫生中心作为课题背景，旨在获取精神病患者这一很难表达意愿的弱势人群的隐形需求。采用“跟随调查法”的价值在于具体化、逻辑化和延续化地客观陈述特殊群体的行为需求，是一般调研法的补充。将跟随调查法并入一般调研法，即问卷调查和统计分析，即将特殊人群调研方法叠加进普通大众的行为需求调研之中，更好地完善环境设计的模式研究。

如何获得精神病患者在医院环境中的日常生活和情绪情感方面的需求，是设计面临的最重要的问题。根据这一问题，设计团队在遭遇问卷调查被病患拒绝，与病患交流答非所问的处境后，选择借鉴华南理工大学何志森老师城市Mapping的调查方法进行尝试。在何志森团队研究的一个调查案例中，学生跟随被访的卖糖葫芦的大妈一起走街串巷后，自己尝试当一天卖糖葫芦小贩时，发现了不能扛着糖葫芦竿进厕所这一尴尬事件，才知道大妈为了不上厕所，从凌晨5点以后就不敢喝水。学生们为大妈设计了一个“变形金刚”的售卖装置，不仅解决了大妈上厕所时竿子不能离手的难处，还延伸出包括可以售卖服装之类的辅助功能。如果不是学生跟随大妈卖糖葫芦的生活记录，是很难发现大妈这个需求的。这一案例让设计团队受到启发，因此提出“跟随调查法”策略，具体做法是通过跟随行为来实现与病患共情，以被跟随者的角度进行研究和设计，反映他们的特定性需求。(图2-2-1)

图2-2-1　售卖糖葫芦的大妈和尝试小贩生活的学生以及学生为大妈设计的“变形金刚”
(来源：何志森“一席”演讲)

第三节

获得问题：在设计实践中获取精神病患的隐形需求

基于使用者行为需求的设计过程的执行，需要多方的充分配合，包括管理者、设计师、使用者等，现试以笔者团队设计的重庆市精神卫生中心设计项目为例简要说明。该项目在立项之初医院方面和设计师团队共同协作对精神病患作前期调研分析。

一、获取需求的具体路径

精神病患群体由于病症原因，沟通和交流甚为复杂，需求充满隐蔽性。设计人员通过两个月不定期的跟随记录，梳理了以下几种路径来试图探究精神卫生中心这样的特定空间里，不同病症人群的真实甚至被遮蔽的需求。跟随初期医院安排设计人员进入住院部重症科的封闭病区，一、二层是男病区，三、四层是女病区。这里的大部分病患情绪较为敏感，不愿与陌生人接触。直到一周后，经过设计人员的努力，才逐步和男病区一个叫老王的患者开始有了交流和沟通。设计人员以老王为突破口展开跟随调研，以下路径是对老王个案样本的梳理（图2-3-1）。

图2-3-1　病患老王的日常生活记录
（来源：叶昕阁记录整理）

（一）路径一：跟随对象记录生活轨迹

案例1：病患老王

病患老王，53岁，属于住院部封闭男病区患者。2017年入院，臆想症，平时正常，发病时会幻想有人要谋害他。24小时生活轨迹跟随记录，分为日常时间记录和在各区域所耗时间比。

（二）路径二：记录、分析，侦探式推进任务

对老王24小时的行为进行分析。空间上：室内83%（走廊及他人寝室、寝室和食堂）、室外17%（操场）；时间上：室内20小时（83%）、室外4小时（17%）；行为上：个人行为90%、个体交谈10%、社会行为0。现状，室内时间占据83%，绝对为主；室外时间占据17%，绝对为辅。在跟随中观察到老王不愿意去锻炼，操场周围没有可以遮阳的舒适环境，所以他不喜欢参与康复活动。因此，提出初步设计想法：增加绿植和座椅，改善操场周围绿化环境。（图2-3-2）

时间	事件	地点
5:00—7:00	聊天	寝室
7:00—9:00	早餐	食堂大厅
9:00—9:30	早操	操场
9:30—11:00	放风	操场/康复中心
11:00—12:00	午饭	食堂大厅
12:00—14:30	午休	走廊及他人寝室
14:30—16:30	放风	操场/康复中心
16:30—18:00	休息	走廊及他人寝室
18:00—19:00	晚饭	食堂大厅
19:00—21:00	休息	走廊及他人寝室
21:00—5:00	睡觉	寝室

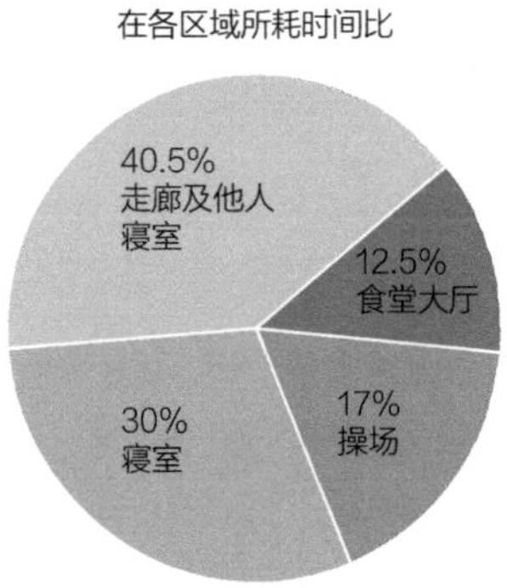

在各区域所耗时间比
40.5% 走廊及他人寝室
12.5% 食堂大厅
17% 操场
30% 寝室

图2-3-2　病患老王日常时间、事件分析图
（来源：叶昕阁记录）

在老王的生活轨迹中，室内时间占据83%，因此在第一次提案中，非常容易地提出改善绿化环境，增加他的外出时间作为设计目标。接下来设计人员将增加绿化遮蔽阳光的想法与老王沟通，结果让人意外。第一次交流，老王表示他不会增加外出时间，觉得不知道出去干什么；第二次交流，设计人员描述增加绿化强调增加座椅，锻炼完可以休息，他回答觉得没有意思。类似的引导性交流进行了几次，对于老王这样的精神障碍患者来说，效果甚微，调研进程缓慢。在分析了老王的初步调研之后，团队重新梳理跟随调研的第一手现场资料，又再次回到现场，观察并参与老王的生活，以被跟随者的角度感知和思考：设计者需要拨开表象，才能了解患者的真实需求。

跟随老王每天规律的生活轨迹，逐渐观察到老王除了定时定点吃饭、睡觉、外出做操以外，在他自由支配时间段里重复做的一件事是在各种纸上写字。跟随时间较长以后，老王对设计团队慢慢有些信任，给团队成员看了他写的信，但他只是写，并不寄出。了解到老王只写不寄出的现象，让设计团队不甚理解，为了验证这一现象是个体表现还是群体行为，设计团队决定收集更多的数据。（图2-3-3）

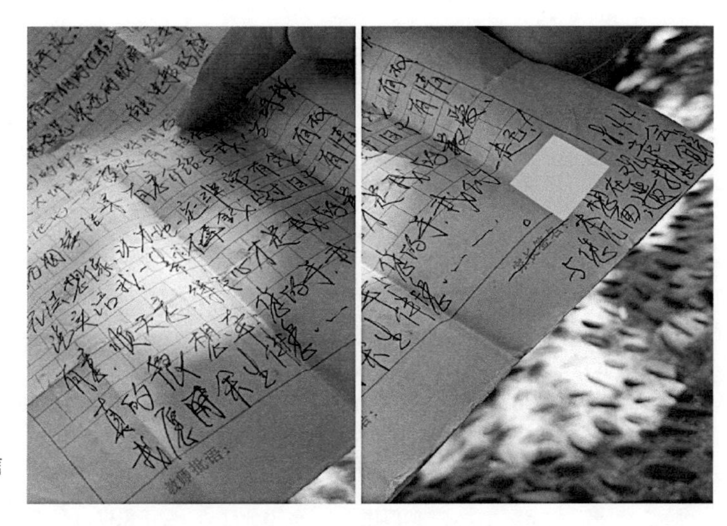

图2-3-3　病患老王写的信
（来源：叶昕阁记录整理）

（三）路径三：跟踪观察目标，寻找群体需求

设计团队扩大调研的人群数量，从病患的日常生活轨迹中，寻找更多被掩饰的需求。为了获得非典型性群体不同病情不同病患的多样性需求，在医院的支持和配合下，分别调研了住院部重症科男女封闭病区、早期干预科男女封闭病区、老年科封闭病区和心身科半开放管理区四个病区。20位设计人员5人一组分别进入四个不同病区，以医生推荐的病情比较稳定的病患作为对象进行了一对一48小时连续跟随（除去隐私和睡觉时间）和两个月的随访调研。表2-3-1收集了20位病患的资料（为保护病患隐私，表格中隐去姓名中间字），通过跟随、观察和与他们交流，调研病患的行为特征，以期寻求病患群体的需求。

20位病患基本信息及行为与交流情况统计　　表2-3-1

姓名	性别	年龄	病症	住院时间	行为特征	与人交流情况	病区
褚*平	男	49	暴力倾向	3个月	多动、少话	可参与运动	住院部（封闭）
贺*舟	男	33	抑郁症	4年	夜间敏感	少话	住院部（封闭）
秋*	女	53	精神分裂症	16年	看电视、写信	可帮助护士做事	住院部（封闭）
王*慧	女	46	精神分裂症	5年	少言、爱看书	不愿交流	住院部（封闭）
刘*斯	男	34	精神分裂症	3年	爱看书、下棋	可以交流	住院部（封闭）
刘*	女	29	多动症	1年	看电视	找人聊天	心身科（半开）
王*	女	28	精神分裂症	3年	喜欢种花	可参与运动	心身科（半开）
张*新	男	39	抑郁症	2年	自言自语	与信任的人交流	心身科（半开）
小海	男	9	自闭症	1年	喜欢海绵宝宝	绘画	心身科（半开）
刘*	女	35	抑郁症	3年	做操、焦虑	积极沟通	心身科（半开）
石*	男	71	被迫害妄想症	29年	看书、写诗	与诗友交流	老年科（封闭）
张*英	女	80	老年痴呆	9年	散步、看电视	简单交流	老年科（封闭）

续表

姓名	性别	年龄	病症	住院时间	行为特征	与人交流情况	病区
杨*联	男	55	意识不清	30年	社会能力衰退	交流困难	老年科（封闭）
刘*楠	男	86	精神分裂症、轻度老年痴呆	20年	自言自语	交流轻度障碍	老年科（封闭）
陈*斌	男	53	幻听幻觉症	29年	喜欢下棋、看书	社交恐惧	老年科（封闭）
唐*	男	16	暴力倾向	1年	多话，希望被认同	照顾老年病友	早干科（封闭）
李*娥	女	28	偏执性精神分裂症	2个月	跳舞、频繁换衣服	积极交流	早干科（封闭）
唐*娟	女	56	精神分裂症	2个月	比较焦虑	可以交流	早干科（封闭）
张*	男	38	抑郁症	6个月	爱下象棋、看书	可以交流	早干科（封闭）
罗*岩	男	38	精神分裂症	1个月	喜欢种花	找人聊天	早干科（封闭）

以上20位病患被选择作为调研对象，是基于以下两方面原因：第一是医生推荐的病情较为稳定的病患；第二是愿意与设计人员交流或者不交流也不排斥，允许跟随的病患。其中最小的9岁，最年长的86岁，入院时间各不相同，最短2个月，最长30年。20位病患病症各不相同，住院治疗病情基本比较稳定、住院时间较短的病患相对愿意交流。20位病患除去2位不愿交流的病患以外，其他18位即90%的病患对设计人员表达想家、想回家的愿望。在了解到设计人员将会把病区改造得更加舒适时，12位即60%的病患表现出不安。他们不希望改变现状，担心会增加收费，有很多精神病患因为长期生病住院，家庭已不堪重负。随着住院时间的延长，部分病患的社会能力开始逐渐衰退，很难再回到以往的工作岗位，或融入社会参与社会工作有相对稳定的收入。这部分病患的最大心愿也是回家，但是他们又害怕去面对社会和生活压力，医院成为他们的庇护所。在跟随中发现20位病患每天有一个固定的时间做他/她喜欢或能够做的事情，比如看电视、看书、写诗、写信、画画、种花、做操等。也就是说，他们通过实施某种个体行为保持对外界的关注，保持对生活的兴趣，也许这就是他们真正的需求。

二、代表性案例的跟随调研记录

为了进一步探索病患的需求，在调研以上20组病患数据的基础上，医院又推荐了三位较为典型的有一定爱好的病患，设计人员重点关注了她们的爱好和治疗时间以外的日常生活安排，将她们的行为跟随资料和数据进行比对和筛选，与老王案例一并做出归纳与总结。

案例2：病患大学生小周同学

患者小周同学，21岁，抑郁症患者，属于心身科开放管理区病患。根据设计人员对大部分患者和大学生小周的重点跟随记录，发现药物及物理治疗时间约2小时，其余大多为休息时间。14:50—16:00为非药物治疗时间，46名病患在护士的带领下做操，但表现不积极。其中有7位病患自发地在绘画，包括重点跟随对象小周，他们选择用绘画的方式表达自己的情绪与情感。（图2-3-4、图2-3-5）

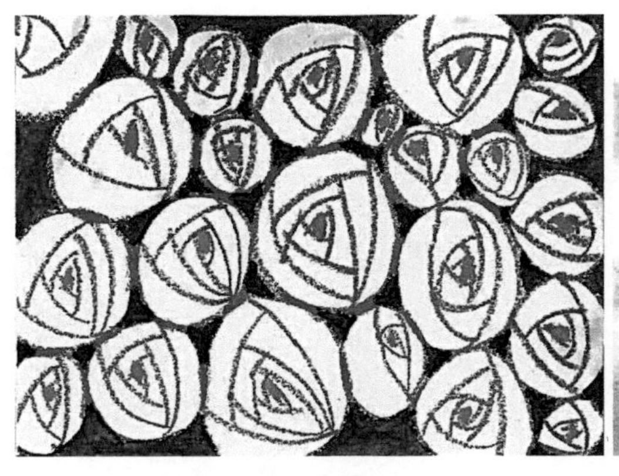

图2-3-4　大学生病患小周的绘画作品
（来源：田雨阳、石桔源记录整理）

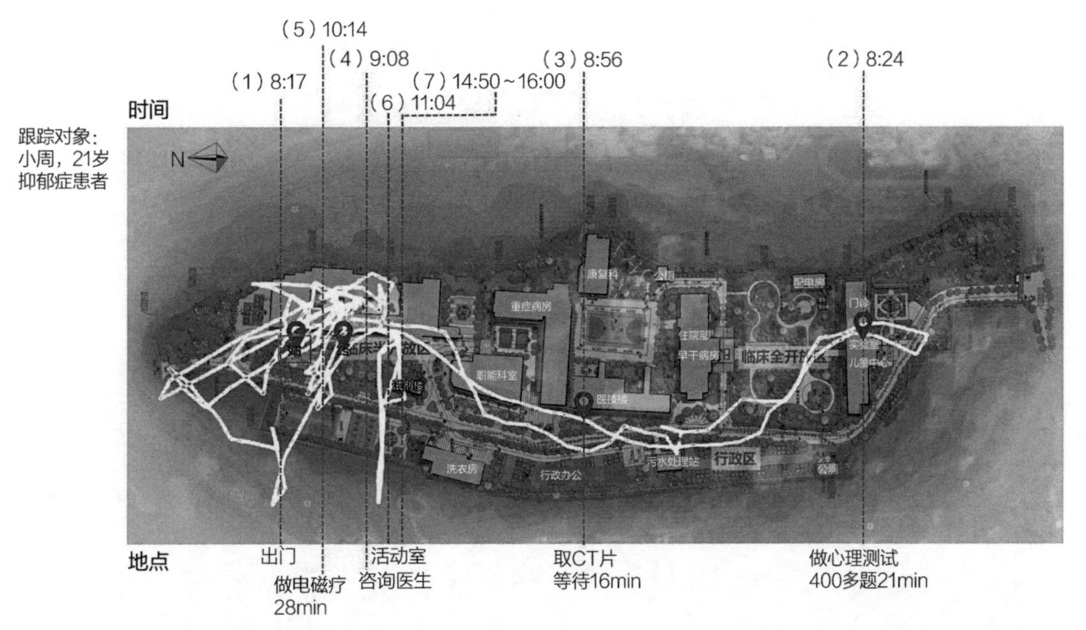

图2-3-5　跟随大学生病患小周的活动轨迹
（来源：田雨阳、石桔源记录整理）

案例3：病患江姐

跟踪患者江姐，32岁，入住时间为2018年3月2日，属于住院部重症区封闭管理区病患。通过主治医生了解到江姐相关病情，有幻听的症状并且忍受不了噪声，不能看电视、听广播。日常表现为喜欢独自一人，经常写东西，每天约有2小时写信时间，也很少寄出，约1小时看窗外默默低语，在病区开放康复锻炼时间里，基本不外出。（图2-3-6）

案例4：病患李阿姨

患者李阿姨，43岁，狂躁症患者，属于住院部重症区封闭管理区病患。李阿姨的跟随作息：7:00吃早饭；7:30—9:30在病房写信，不寄出，看窗外发呆；9:30—11:00统一外出时间，在操场走圈；11:30吃午饭；12:00—14:00在病房，上床躺着，但并没有睡觉；14:30—16:30在康复科做手工，显得主动和积极；17:00吃晚饭；18:00—20:00在餐厅和其他病人说话和看电视；21:00睡觉。（图2-3-7）

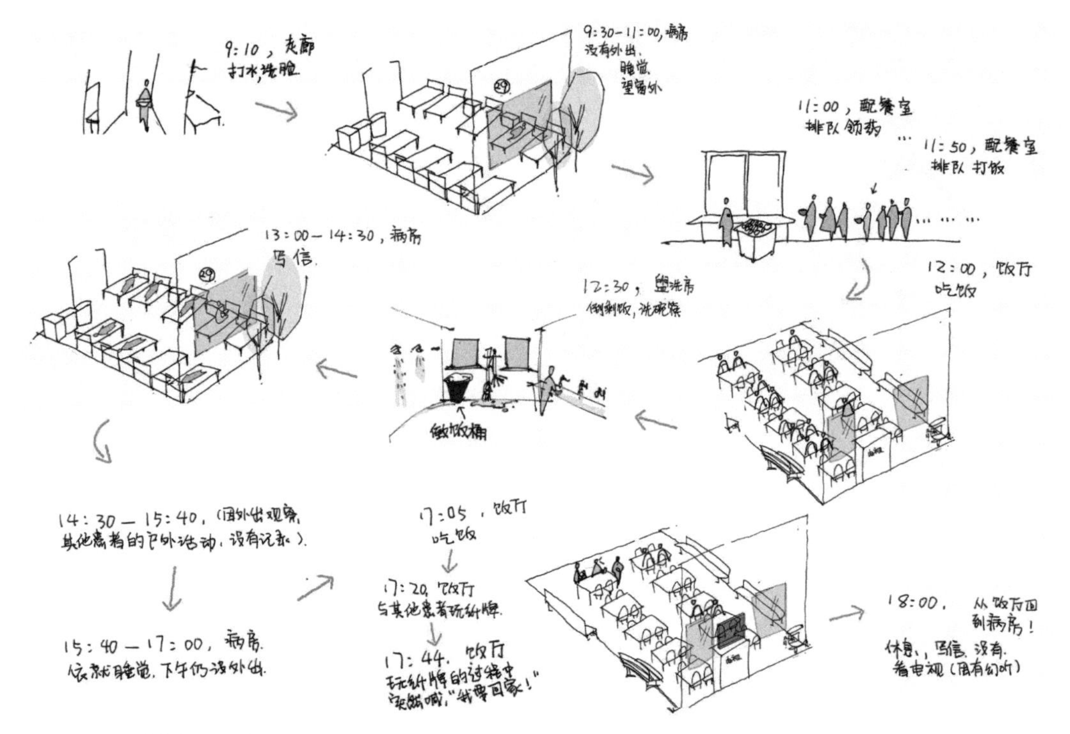

图2-3-6　跟随病患江姐时间、地点、路径及事件
（来源：武小斐、苏禹宸记录并绘制）

图2-3-7　李阿姨及她手工制作的手提包
（来源：作者记录整理）

三、获得病患潜在需求

通过四组病人的深入跟随和调研，总结了他们的行为特征、与人交流情况和社会能力的情况，如表2-3-2所示：

总结四位病患的潜在需求　　表 2-3-2

病患	病症	行为特征一	行为特征二	与人交流情况	社会能力
老王	臆想症	自言自语	写信，不寄出	认为与别人不一样	缺乏
小周	抑郁症	寡言	喜欢画画	与信任的人可交流	缺乏

续表

病患	病症	行为特征一	行为特征二	与人交流情况	社会能力
江姐	幻听症	喜欢低语	写信，很少寄出	可参与娱乐活动	缺乏
李阿姨	狂躁症	爱找人说话	写信不寄，做手工	爱与人说话	缺乏
潜在需求		减压	想回家	获得关注	参与社交康复活动

从表2-3-2可以看到，以上四位病患有写信、绘画和做手工的行为，在与外界的交流上有一定障碍。综合24位病患的整体调研资料可以看到，包括2位80岁以上的患有轻度老年痴呆的病患，精神病患绝大部分身体无恙，除了有限的治疗时间，大部分的日常时间没有活动，生活无聊而枯燥，缺乏工作和生活技能，也缺乏与人相处的能力，进而缺乏融入社交活动的能力，这也是医务人员介绍的部分病患因缺乏社会适应能力，在康复之后又再次回到医院的原因。

结论：针对以上调研提出具有实验性的设计探索。

梳理24位病患的需求：

第一，90%的病患希望治愈回家，其中30%认为自己没有病，应尽快回家（这即是病症之一）。

第二，住院3年以上或复发入院的约50%的病患希望回家，但担心不能融入社会，表示可以继续留在医院。

第三，80%以上的病患在封闭病房内有写信、画画、种花、做操等自发性个体行为爱好，这些行为保持了对外界的关注，保持了对生活的兴趣。

什么样的活动适合精神病患参与，让他们在放松身心舒缓压力的同时，还能参与社交，学习简单的技能技巧呢？设计团队研究了国内外资料，推荐两个已实施的案例，得到了精神医院的支持和肯定。

四、案例研究与启发

（一）日本蒲公英养老中心

位于日本爱知县西部的蒲公英养老中心被称为“老年人迪士尼乐园”。最开始蒲公英养老中心也和普通的养老院一样，退休以后的生活让老年人整天无精打采，不是坐在轮椅上，就是躺在一个地方待一下午，他们对日常生活没有兴趣，做康复训练就像上刑场。为了让老年人能够动起来，蒲公英养老中心管理方尝试让老年人通过做康复训练来挣钱，他们只需要每天配合做康复训练，就会获得几百到几千的报酬，挣到了钱，他们就能去小店铺买零食吃。在蒲公英养老中心内部发行了虚拟货币，它有一个饱含希望的名字：Seed（种子）。这一活动很快受到老年人的欢迎，大伙儿抢着去做康复训练，收入高的训练非常火爆，需要排队好久才能轮到。在蒲公英养老中心老人们不再掰着指头混日子，而是重新找到了人生的意义，每天带着希望醒来，带着梦想睡去。（图2-3-8）

（二）荷兰霍格威小镇

建筑师Molenaar＆Bol＆VanDillen设计的霍格威小镇位于荷兰阿姆斯特丹郊外，是全球首家为患有阿尔茨海默症的老年人专门建立的大型疗养院式“失智照护小镇”，由荷兰政府投资，于2009年12

图2-3-8　日本蒲公英养老中心的老年人活动
（来源：智筑网公众号，2020-08-31）

月建成开业。霍格威小镇有城镇广场、超市、美发沙龙、剧院、咖啡馆、餐厅以及23所公寓，老年人的房间被设计为商务、贵族、印度等七种主题风格。霍格威小镇没有穿着白大褂的医生和护士，护理人员扮演成咖啡馆的收银员、杂货店店主、理发师和邮局职员等“普通人”，病人则是小镇的居民，医护人员的目标是让居民有尽可能真实的体验。由于在失智症病发的过程中，童年和青年时期的记忆是最长久的，为了尽量减少病人对于新环境的抵触和焦虑，小镇整体采用20世纪50年代的复古建筑风格。复古建筑设计，可以让病人在记忆中仅存的场景中生活，降低他们的焦躁感，从而延缓病情。（图2-3-9）

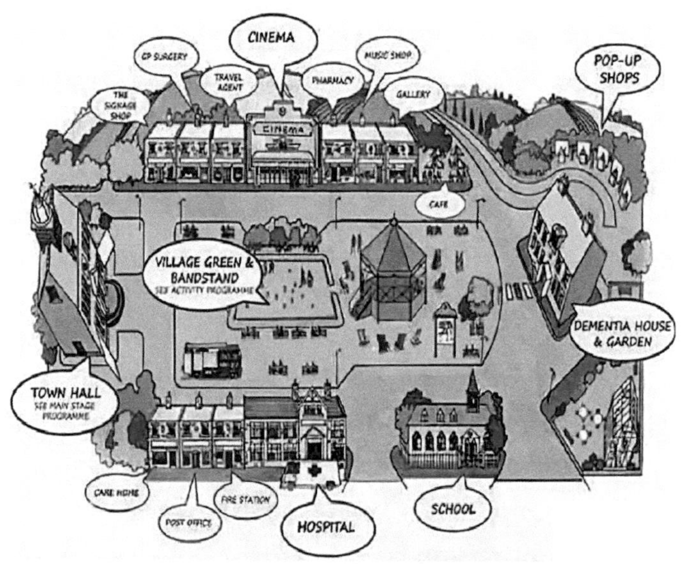

图2-3-9　荷兰霍格威小镇的老年人活动
（来源：健康景观公众号，2018-11-01）

（三）案例启发

日本蒲公英养老中心和荷兰霍格威“失智照护小镇”两个案例的设计特点都是改变了传统医院的康复设计思路。蒲公英养老中心通过观察老人们日常“无精打采”的生活状态，尝试在养老院使用虚拟货币，让老人通过做康复训练挣钱并消费。老人们重新获得挣钱的能力，学习陶艺、插花、舞蹈等技能，不仅对身体健康有利，更提升了他们的社会交往能力。荷兰霍格威“失智照护小镇”为老人们营造了一个便于识别的、安全的康复环境，医护人员通过角色扮演的方式照顾老人们的生活，虽然对阿尔茨海默症疾病没有根本的治疗效果，但舒缓的环境可以让老人快乐地度过自己的余生。

提出实验性的设计策略：

第一，将前期了解到的病患的爱好设计为具体的康复景观模块，吸引病患积极走出病房选择并参与到自己喜爱的活动中，舒缓身心，增强感知，促进病情的好转。

第二，针对不同的病症，探索基于康复景观设计的多样化功能空间营造模拟社区，借鉴游戏中角色扮演方式增加病患参与社交活动的兴趣，鼓励他们尝试学习简单的技能技巧，在获得成就感的同时，还能学习职业能力。针对失智老人群体，借鉴荷兰霍格威小镇为老人们营造的便于识别和安全的康复环境，布局有利于失智老人记忆中仅存的怀旧生活场景，降低老人们的焦躁感，从而延缓病情。

第三，为病患设计筹划能够促进早日康复回家的有趣活动，以此调动病患积极参与。借鉴日本蒲公英养老中心采用虚拟货币策略激发老人康复热情的方式，提出精神病患参与康复活动获得健康积分的办法，鼓励病患走出病房，培养学习能力和社交能力。

以上将前期跟随病患调研获得的掩蔽需求转换为应对策略，逐渐勾画出了重庆精神卫生中心的设计轮廓：建造从病患需求出发的情景式模拟康复社区。在模拟康复社区病患可以学习职业技能和培养社交能力，引入游戏玩法获得健康积分用以提高病患参与康复活动的积极性；病患可以尝试扮演社会角色，通过合作性项目融入社交活动；改变医院环境，营造社区氛围，减轻压力缓解病患焦虑。（图2-3-10）

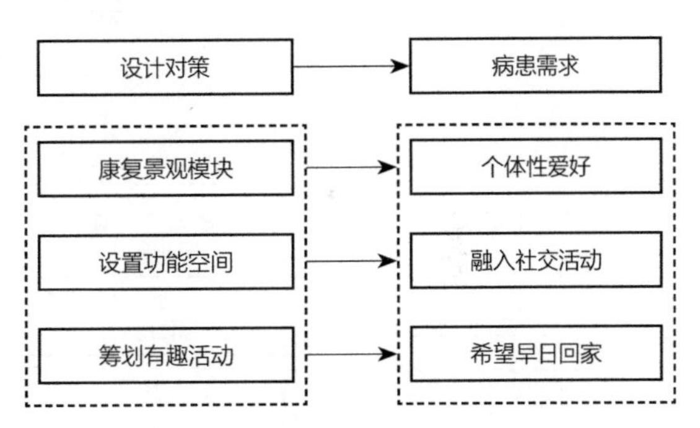

图2-3-10　设计对策与病患需求的关系
（来源：作者记录整理）

第四节

探索实验性的解决路径：从需求出发建构情景式模拟康复社区

一、改变传统精神病院环境成为模拟社区空间

每天重复的看似无意义的生活中，精神病患和常人一样怀抱希望盼望出院，但是长时间的住院或不断地“旋转门”似的反复住院，逐渐淡化了他们的希望，需求也就变得模糊和不确定。通过进驻精神医院调研，设计团队发现院区内建筑和停车场占据大量场地，零星空地简单点缀绿化，户外环境难以为精神障碍患者使用。因此，提出在医院户外空地建立若干康复景观模块，由模块组合形成情景式模拟康复社区，让病患采用角色扮演的方式参与模拟社区工作，以此提升病患身体机能与健康活力，扩大社交圈，带动病患以主人翁的姿态积极投身模拟社区活动。通过建立模拟康复社区，重建病患的社会能力，促进他们回归家庭和社会，减少病情反复的概率。

二、创新模式解决问题：创建让病患扮演社会角色的院内模拟康复社区（图2-4-1）

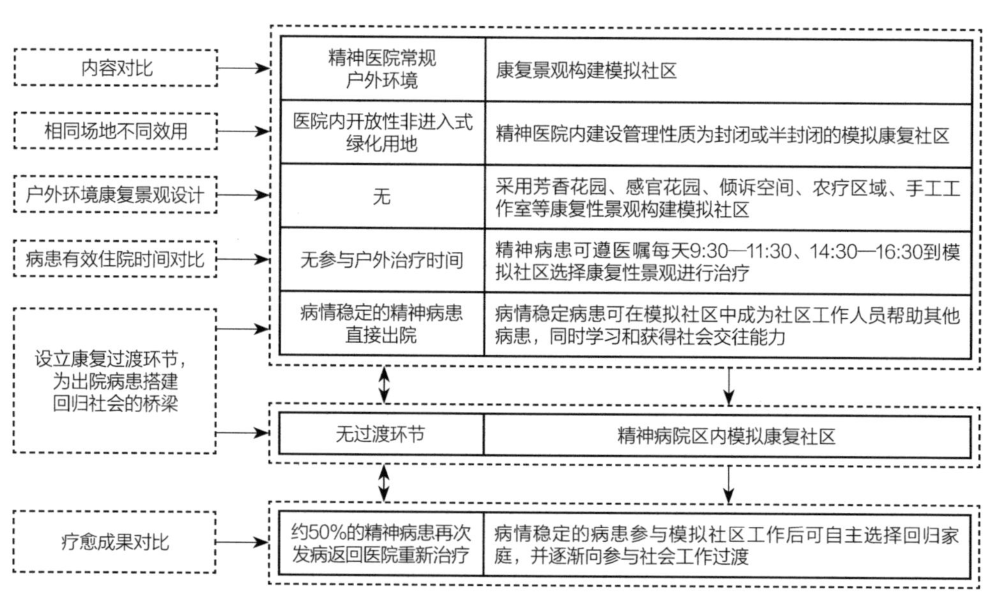

图2-4-1　精神病院常规户外环境与康复景观构建情景式模拟社区的差异对比

（一）项目概况

重庆精神卫生中心荆紫山院区成立于1958年，是集医疗、科研、教学、康复、预防、公共卫生六位一体的国家三级专科医院，医院建筑面积约2.2万m^2，景观面积约4.8万m^2，于2018年底组织风貌改造，其中景观设计由笔者团队完成。（图2-4-2、图2-4-3）

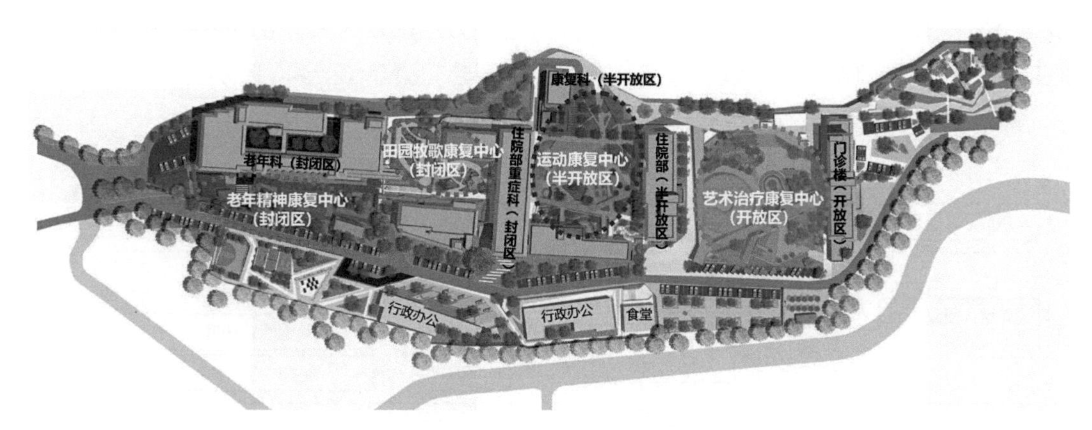

图2-4-2　重庆精神卫生中心情景式模拟康复社区分区图
（来源：项目设计团队绘制）

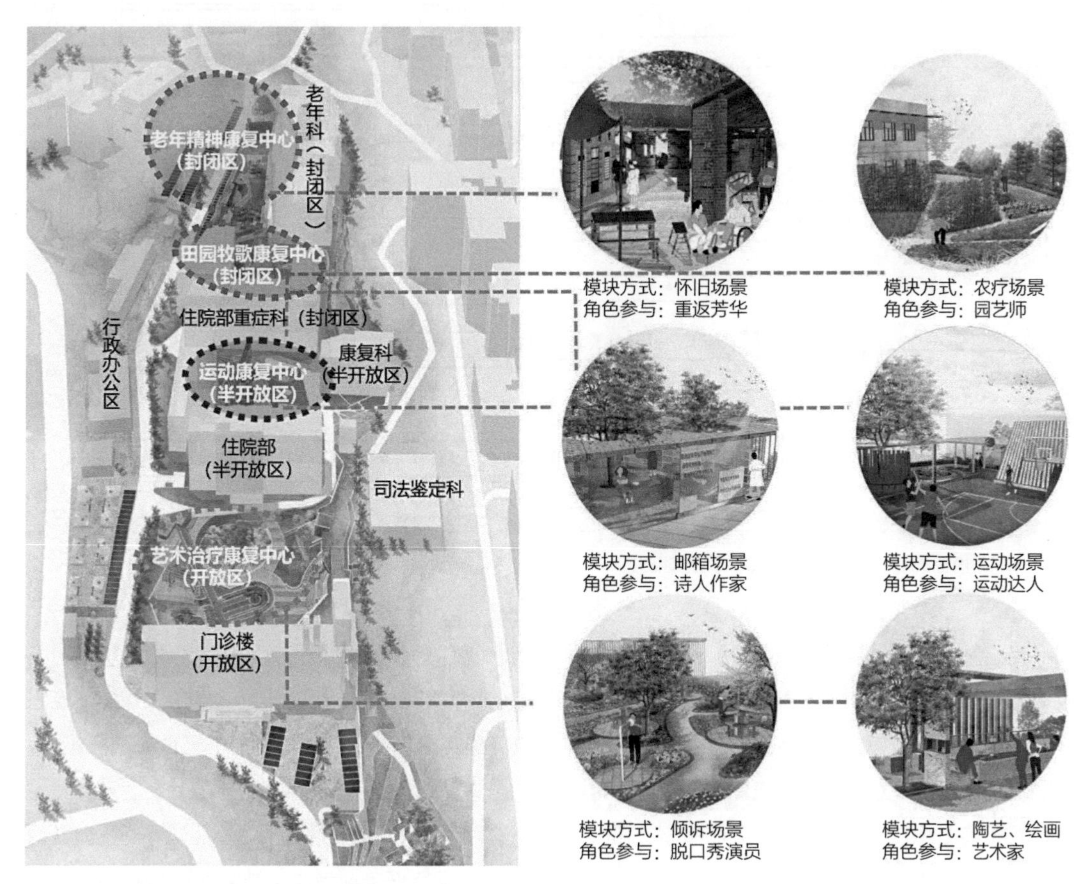

图2-4-3　情景式模拟康复社区设计策略
（来源：项目设计团队绘制）

（二）设计策略

本案基于以上分析的病患需求和康复景观理论依据，结合场地建筑及用地条件，将情景式模拟康复社区穿插渗透进入各场地空间，遵循医院病症管理方式进行设计规划。对应原建筑各科室设计相应的康复景观场地，从北向南分别是老年科的老年精神康复中心（封闭区）、住院部重症科的田园牧歌康复中心（封闭区）、住院部和康复科的运动康复中心（半开放区）以及门诊部的艺术治疗康复中心（开放区）。在四个大区内，设计不同的功能模块满足病患的需求，布局若干康复景观元素，营造社区氛围，减轻压力，缓解病患的焦虑。（图2-4-4）

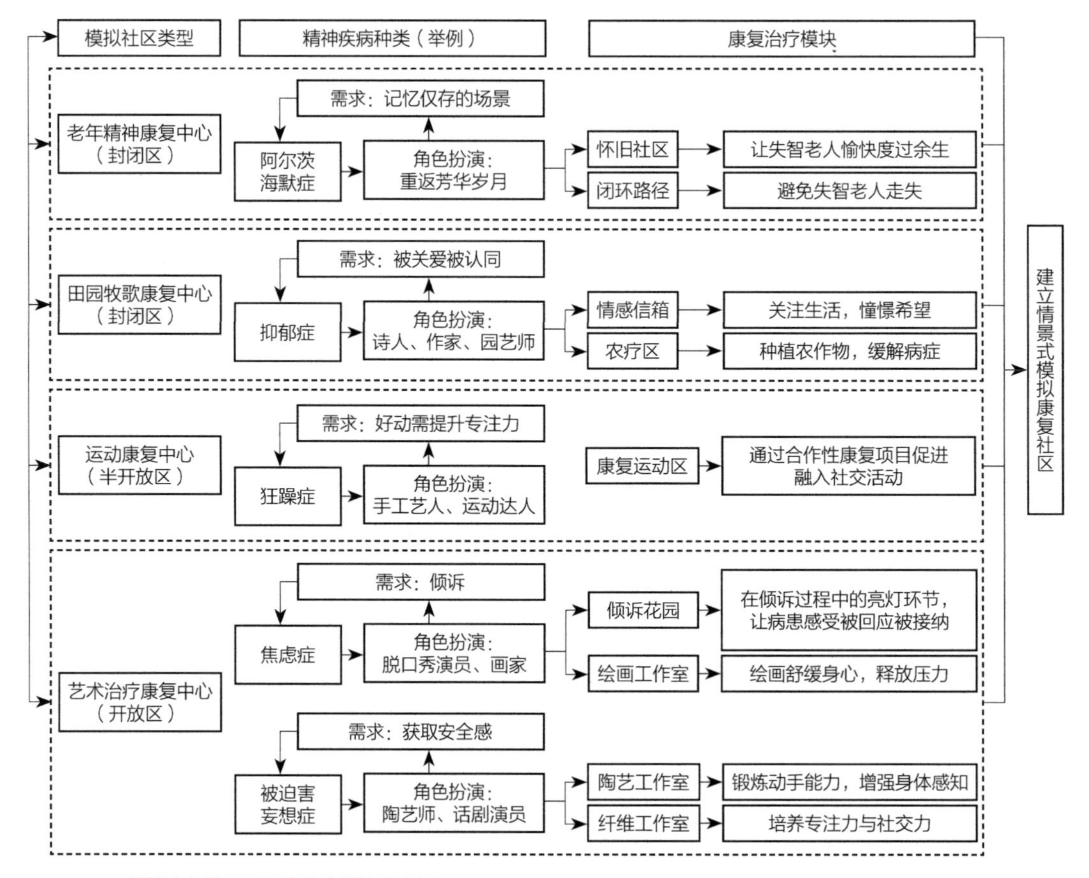

图2-4-4　模拟康复社区及相应治疗模块递进框架图

结合精神疾病种类、病患需求和医院科室布局，形成的院内康复社区里设计了多个康复模块，对应帮助舒缓一种或几种病症的患者情绪。病患们进入不同的康复功能空间，扮演不同的角色，如抑郁症患者扮演园艺师在农疗区种植农作物，通过亲自耕种和收获果实增加自信，改善病患的无助感和无趣感；狂躁症患者扮演运动达人进行康复运动，改善专注力并通过运动项目合作促进病患融入社交活动；焦虑症和被迫害妄想症患者分别扮演脱口秀演员和陶艺师，在倾诉和制作陶器过程中体验被认同而逐渐获得安全感，实现舒缓情绪的康复目标。病患扮演角色完成康复训练任务或者学习技能课程将获得健康积分，累积到的健康积分可以在模拟社区小卖部兑换各种食品，也可以用于兑换制作手工的材料，包括做蛋糕、陶器、插花、绘画等材料。积分由医护人员评估给予，积分越高，病患参与的社会活动和技能学习频次越高。积分奖励可以鼓励病患参与模拟社区康复活动，在康复活动中学习技能，参与社交活动，促进病患恢复健康的信心和决心，实现缓解病情的目标。

根据病患需求设计四类模拟社区，以下为具体设计策略：

1. 老年精神康复中心（封闭区）

在老年科病区，因为担心失智老人走失，所以一直是在建筑内部封闭管理，患者只能在室内活动或很少活动。本案中清理老年科建筑外围的临时停车位，整合零星闲置绿地，围合出老年精神康复中心独立的康复花园，并进行封闭管理。虽然仍是封闭管理，但是老人们的活动场地从建筑内部拓展到了室外空间。户外康复花园为老人们营造了怀旧氛围，选择20世纪七八十年代的生活场景，让老人重返青春，定格美好年华，唤起逝去的记忆。阿尔茨海默症大致分为轻度、中度、重度痴呆几个阶段，特征表现为记忆减退、远近记忆严重受损和记忆力丧失严重三个阶段。针对老人容易走失和记忆力衰减问题，设计团队提出两个对策：第一，建立闭合的无障碍康复步行道；第二，以闭合路径为导向，分片区营建怀旧场景，布局适合失智老人认知的怀旧社区景观。

具体设计方法：首先，在步行流线上，围绕老年康复花园设计闭合路径的无障碍通道，闭合路径解决了老人独自在康复花园里步行的难题，实现从原点出发又回到原点的目的。其次，在安全设计上，环形无障碍通道全程安装木质扶手，老人以扶手为引导开展康复活动。在环形道路旁布局若干座椅，方便老人随时休息，形成安全、舒适的康复通路。最后，在主题呈现上，康复花园内的构筑物及场景设计采用重庆20世纪七八十年代的文化符号，如山城茶馆、嘉陵巷和坝坝电影等。营建怀旧环境是让老人们重拾在记忆中仅存的场景中生活，虽然对这种疾病没有根本的治疗效果，但因为这些怀旧场景是被他们识别的、认同的、安全的，在这样的环境中他们会感到高兴和放松，从而降低他们的焦躁感，延缓病情。（图2-4-5～图2-4-9）

图2-4-5　老年精神康复中心现状陈述
（来源：项目设计团队整理）

图2-4-6 重庆精神卫生中心老年精神康复中心分区图
（来源：项目设计团队绘制）

图2-4-7 扶手串联怀旧场景并形成闭合路径
（来源：项目设计团队绘制）

图2-4-8　老年精神康复中心怀旧场景模块
（来源：项目设计团队绘制）

图2-4-9　农疗场景模块
（来源：项目设计团队绘制）

2. 田园牧歌康复中心（封闭区）

重症科因为病情原因和场地受限，一直实行建筑内部封闭管理，患者只能在室内活动。本案中整合零星闲置绿地围合出可供重症患者使用的田园牧歌康复中心独立院落，实行封闭管理。病情稳定的患者可在医院规定时间到专属户外空间进行康复活动。园区内针对抑郁症、精神分裂症病患布局农疗模块，让他们扮演园艺师，跟随季节变化播种、除草、浇灌和修枝，培育植物从栽种小苗到成熟挂果，收获的蔬菜瓜果可以委托医院出售，获得经济回报，也获得健康积分。农疗场地旁边为劳动的病患设置了一个可供休息的小型构筑物，在构筑物里除了休息座椅，还专门设计定制了“邮箱空间”。总结前期调研病患的潜在需求表明，写信是病患情感表达与思念家人的重要方式，因此在本区域里设计情感邮箱，病患将信寄给未来的朋友或自己，憧憬康复回家的愿望。调研中发现部分病患会情绪不稳定，特别是封闭区的病患情绪波动较大，常常不自觉地沮丧、压抑。在调研的24位病患中，其中9位即38%的重症区患者有写信、写诗和看书的愿望，他们常常沉浸在自己的世界，对外界事物不太关心，有的病患甚至在规定外出散步的时间也不愿离开病房。为了引起病患的关注，邮箱构筑物外围立面上设计了以文字为主题的景观装置，装置上的文字根据太阳投射角度而变化，只能在最合适的时候，才能看到投射到背景板上的完整文字（图2-4-10）。该文字装置设计目的：一方面希望引发病患观看的兴趣，能够积极走出病房参与康复活动；另一方面选择一些励志的、带有正能量的内容，给予病患鼓励，引导他们去联想一些积极的事情，缓解无助感和无趣感，帮助目标人群重新点燃对于生活的希望。

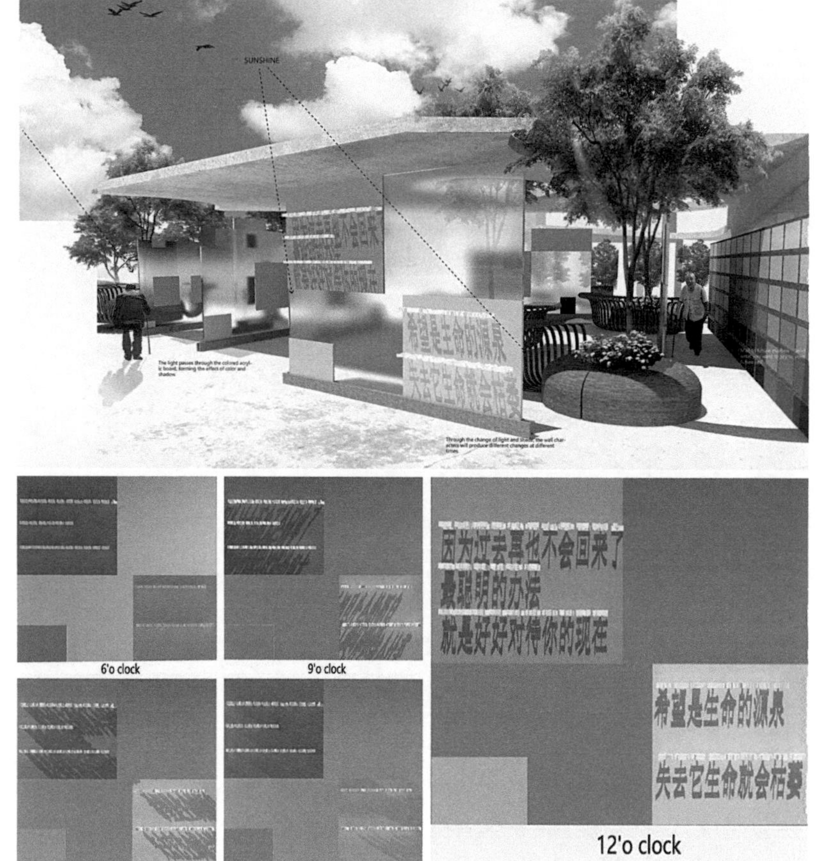

图2-4-10　邮箱场景模块
（来源：项目设计团队绘制）

3. 运动康复中心（半开放区）

运动模块是大多数病患可以使用的类型，运动有助于身体功能健康，促进大脑神经和末梢神经正常工作，对于精神疾病患者恢复健康非常有利，所以鼓励轻度到中度患者每天进行3～4个小时的户外锻炼和交流活动。运动模块的设置让病患化身为运动达人，扮演篮球、乒乓球和羽毛球运动员，锻炼身体的同时也增加与人交流的机会。通过合作性康复项目促进融入社交活动，培养病患的社交能力。

4. 艺术治疗康复中心（开放区）

开放区的植物丛中设计传声筒塑造倾诉花园，焦虑症和狂躁症病患可以扮演脱口秀演员或演讲者进行表演，其中设置了亮灯环节，具体设计手法：设置声音装置，说话者音量保持在10～30dB之间时，藏在花丛中的友好型灯具会持续发光，低于或高于这个数值则无效。该设计让患者感受到表达被回应的情感反馈，同时也学习用合适的音量表达自己的想法，学习社会交往的简单策略（图2-4-11）。

图2-4-11　倾诉场景模块
（来源：项目设计团队绘制）

开放区主要针对病情良好并且准备出院的病患，这里可以作为病患出院之前的缓冲区。开放区采用艺术康复方式介入模拟社区，布局了陶艺工作室、绘画工作室、纤维工作室和倾诉花园。在陶艺工作室、绘画工作室和纤维工作室，焦虑症、抑郁症和自闭症等病患可以扮演陶艺师、画家和纤维艺人，他们参与工作室活动学习制作、绘画、编织技能，通过团队合作艺术项目锻炼社交能力，舒缓病患情绪。设计团队为病患建立了公益网站，希望能够帮助他们售卖作品（图2-4-12）。2019年底组织病患的绘画作品参加了重庆金山艺库举办的《寻找桃花源》展览，期间重庆交通广播台进行了专访和报道，希望有更多的人通过作品和报道能够走近他们，帮助和接纳这部分弱势群体（图2-4-13）。

图2-4-12　为病患建立的公益网站
（来源：王瀚雪制作）

图2-4-13　病患作品参展现场

第五节

从精神病患康复设计经验提炼适用于一般人群的减压设计策略

常规或传统的功能需求，容易呈现出中规中矩的设计成果，对于特殊人群空间需求的设计，因其较强专业性的要求，院方成为需求者，而设计只是根据医院设计规范，满足院方的需求。本章针对特殊人群采用跟随记录和数据推演调研方法，结合医院传统景观设计模式，提出建设情景化康复社区的实验性策略，让康复社区成为病患出院前回归社会的缓冲区，为精神疗愈领域提供康复景观，实现帮助病患舒缓情绪，延缓病情的目标。（图2-5-1）

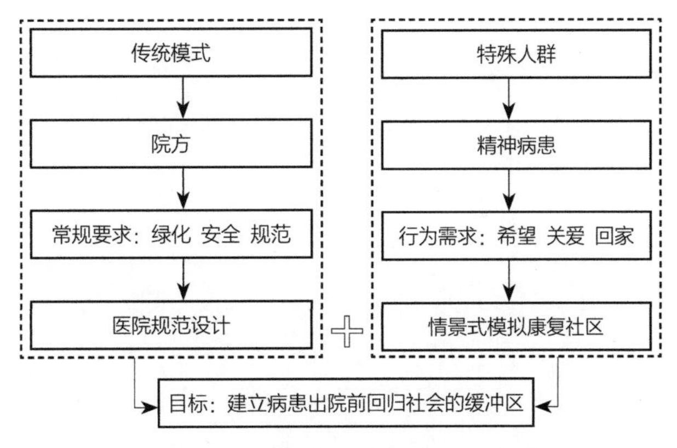

图2-5-1　结合院方常规要求和病患潜在需求的康复疗愈目标

随着人们对健康生活的追求日益增强，康复景观设计逐渐成为人们关注的焦点。而在这其中，精神病患康复设计经验所提炼出的康复景观设计策略，也许可以为一般人群的康复提供一些有益的启示。

首先，康复景观设计应该注重环境的舒适性和安全性。在康复景观设计中，舒适性和安全性是非常重要的因素。在精神病患康复中，患者往往需要一个舒适、安全的环境来帮助他们恢复身心健康。同样，在一般人群的康复中，舒适性和安全性也是必不可少的因素。因此，在康复景观设计中，应该注重环境的舒适性和安全性，为人们提供一个舒适、安全的环境。

其次，康复景观设计应该注重环境的可达性和可用性。在精神病患康复中，患者需要一个易于到达、易于使用的环境来帮助他们恢复身心健康。同样，在一般人群的康复中，环境的可达性和可用性也是非常重要的因素。因此，在康复景观设计中，应该注重环境的可达性和可用性，为人们提供一个易于到达、易于使用的环境。

再次，康复景观设计应该注重环境的美感和功能性。在精神病患康复中，患者需要一个美观、功能齐全的环境来帮助他们恢复身心健康。同样，在一般人群的康复中，环境的美感和功能性也是非常重要的因素。因此，在康复景观设计中，应该注重环境的美感和功能性，为人们提供一个美观、功能齐全的环境。

最后，康复活动需要具有一定的多样性，满足不同心理承受力患者的选择需求。康复景观设计需从病患的心理需求入手，引导他们的行为参与。康复过程可以概括为四个阶段：内向专注、情感参与、主动参与、积极参与，随着康复过程的不断深入，病患对于各类劳动和社交活动的接受程度也逐渐提高。因此在一般人群的康复中，获取心理和行为的需求是开展有价值康复活动的前提，而有效的路径设计对于获取一般人群的需求有积极作用。总之，精神病患康复设计经验所提炼出的康复景观设计策略，为一般人群的康复提供了一些有益的启示。在康复景观设计中，应该注重环境的舒适性和安全性、可达性和可用性、美感和功能性，为人们提供一个舒适、安全、易于到达、易于使用、美观、功能齐全的环境，帮助人们恢复身心健康。科技与人文并存，艺术与医学并存，通过富有想象力的设计，为病患创建丰富的康复活动，塑造多样性的社区空间。本案例的研究试图探索将艺术设计的创新模式和路径运用于精神康复领域，尝试从行为需求出发，提出情景式模拟社区实验性模型，将景观设计方法应用到精神疾病康复中，推动康复景观舒缓病患情绪的作用，并提炼出适用于精神病患的康复景观设计策略，推广运用于一般人群的康复设计中，拓展景观设计审美和生态之外的学科视野，丰富设计学内涵。

03

第三章

康复导向下的城市公共空间设计方法与实践

康复导向下的城市公共空间设计，是指在城市规划和建设中，从人们健康和康复的角度入手，来设计和打造公共空间。康复设计理念不仅有助于建设一个更加人性化、包容性和可持续的城市，也体现了社会公正和人道关怀的价值和意义。在康复导向的设计下，公共场所中的设施和服务都将以特殊人群的需求为出发点进行规划和布置，设置无障碍通道、轮椅坡道、无障碍卫生间等。这些设施的存在能够有效地降低特殊人群进入公共场所时的障碍，提高其自主性和参与度。

康复导向下的城市公共空间设计可以为城市社区居民带来更健康的身体。在康复设计理念下，公共空间的设计不再只是简单地考虑使用功能和美观度，而是更加注重人的健康和舒适度、心理需求。在公园、广场等公共场所中，设置更多的健身场地进行运动，促进居民的身体健康，增强社区居民之间的交流和互动；设置更多的休息区和绿化带，供居民进行休息和放松，缓解居民的压力和疲劳感，增强幸福感和满足感。

总之，康复导向下的城市公共空间设计，不仅可以为城市社区居民带来更好的生理和心理健康，也可以为城市的可持续发展提供新的思路和方法。在未来的城市规划和建设中，应该强调以康复导向为设计理念，来打造更加健康、舒适和可持续的城市公共空间。

第一节 公共空间的康复景观设计原则与方法

一、设计原则

（一）安全舒适性原则

公共空间作为居民日常使用率较高的场地，安全性是必不可少的。根据观望庇护理论，抑郁人群更希望待在相对安全的地点并且该地点视野情况良好。因此，康复景观设计的过程中要满足使用人群心理的安全感：一方面可以通过设计多种形式的小尺度空间来满足各类人群的领域感需求，提高使用者的心理舒适度；另一方面在空间布置过程中，需要注重地面防滑处理、环境灯光明亮而柔和，材质色彩和触感舒适等设计细节的处理，保证使用者的生理安全。针对敏感体质群体，具有刺激的环境会使这部分敏感人群感到不适应，因此在设计的过程中注意植物的搭配，减少使用颜色忧郁的植物，停留休息的地方避免阳光长时间的照射及可达性不强的道路设计等。

（二）交往性原则

人具有社会性，社交活动是人必不可少的行为。所以，情景式康复景观需要提供交流机会，尤其是对老年人来说，老年人参加运动不仅可以锻炼身体，更重要的是增加与人交流的机会。在设计过程中增加娱乐性和互动性景观，增强人与人的社会交往，减轻压力，消除孤独感，有助于身心健康恢复。例如美国加州的象棋公园，设计师把地面变成了象棋桌面，吸引游人前来互动，提升了社交频率。

（三）生态可持续性原则

人是自然界生态的一部分，自然环境和自然生物都很重要，只有合理的利用和保护，才能使自然生态圈良好发展，所以对于社区公园的设计来说，生态可持续的原则是十分有必要的。康复景观的组织架构就是致力于人和自然环境相结合，自然对人的健康有促进作用。设计的过程中合理利用资源，减少浪费及维护成本，保护自然地貌、本土植被水系等，才能构建生物多样性，使社区公园康复景观真正地做到生态可持续。

（四）文化适应性原则

遵循历史是景观设计中重要的原则，这里的历史同样包括当地的各种文化。不同的地理环境与人群之间的相互作用，演变出特定的互动方式，这也就形成了特定的文化形态。地域环境的独特性造就了各个区域的特色文化，继而也影响到该处景观环境的表现形式与特征，所以世界才产生了风格各异的文化景观。景观设计中融入当地文化，是尊重地区传统赋予景观的特殊性，也是保护其内在文化含义。城市化的加剧导致一些地区失去了自己独有的文化特质，因此在设计中要对当地的历史充分地发掘，好的设计不可能是无源之水，了解当下的时代需求，再结合本地文化，形成与时俱进的新时代文化景观，使居民产生文化认同感进而增加社区归属感。

（五）康复保健性原则

在以康复景观为导向的社区公园设计时，要注意场地的康复保健原则，注意将康复的概念贯穿其中，无论是身体、心理还是社会适应方面，都要具有一定的疗愈康复作用。例如在植物配置上，多使用有保健功能的植物，可以净化场地空气，帮助人们降压助眠、放松情绪。利用园艺疗法，引导居民参加园艺活动，在锻炼的同时陶冶情操，增加动手能力和协调性，达到促进健康的作用。

二、设计方法

（一）多层次的空间道路设计

1. 空间布局

以康复景观为导向在设计社区公园空间布局时，应注意合理性问题，布局空间的是否合理会影响居民前来使用时的舒适度，也是衡量社区公园景观设计的一个重要标准。设计时应考虑周围居民日常行为习惯以及对场地的使用偏好，再结合使用群体的健康需进行分析，并与场地实际情况进行叠加，即可尝试得出一个较为合理的具有促进社区居民健康的社区公园空间布局，从而进一步激发居民进行户外康复活动。

根据社区公园中的空间服务人群范围，把场地内的空间划分为全开敞空间、半开敞空间、较私密空间；按场地活动内容分为静态空间、过渡空间和动态空间。各种空间根据使用群体的需求及自身特点布置在场地中，为社区居民的交流、活动提供了场所。（图3-1-1）

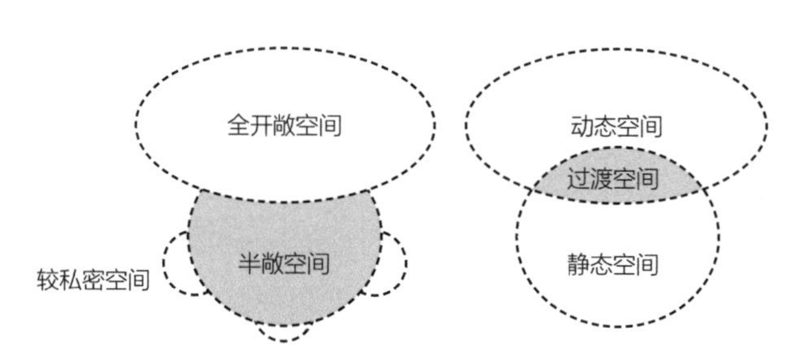

图3-1-1 社区公园不同属性空间分类
（来源：情景式康复设计课题组）

虽然是两种不同分类，但是它们之间却有一定的关联性；全开敞空间往往承担集体性的活动，如歌唱比赛、音乐会、联欢会等，偏向人群多、活动量大的动态内容，与动态空间较为契合，活动人数一般在20人以上，因此场所单人活动面积需大于3m²/人，根据不同活动内容配置合适的面积大小，例如跳舞场地双人活动直径2500mm，单人1800～2100mm即可。半开敞空间容易容纳6～15人的群体进行各种活动，如下棋打牌、运动健身、领孩子玩耍、遛狗等，从空间大小和活动内容来讲，起到了过渡的作用。较私密的空间一般是1～5人的活动，多以聊天、散步为主。因此，我们在布局时要根据空间级别、主要服务群体和活动内容进行分层布置，满足人群的不同需求。（图3-1-2）

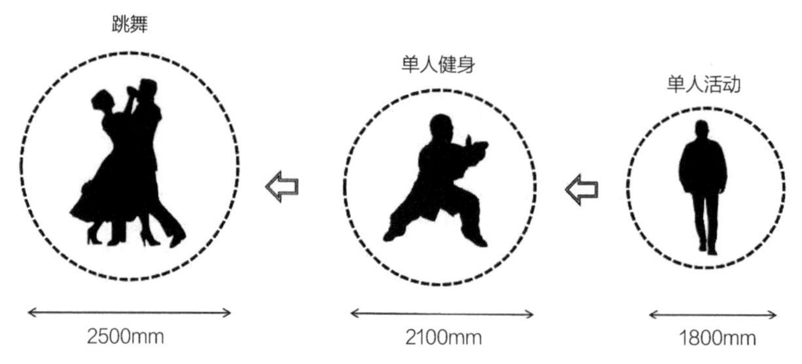

图3-1-2 社区公园内不同的活动范围尺度
（来源：情景式康复设计课题组）

2. 道路系统

（1）人车分流设计

在道路系统的规划时，注意人行系统与车行系统的区分，这里的车行不单指汽车，还应包括电瓶车。人行与车行冲突不利于居民对场地的连贯使用，对老年人较多的社区公园来说具有一定的安全隐患。其实，目前对于人车分流的定义主要为两种，一是两套系统完全分流，人车独立存在；二是两者有一部分交叉，有一部分分流。在设计时应结合场地大小及地形情况实际考虑。（图3-1-3）

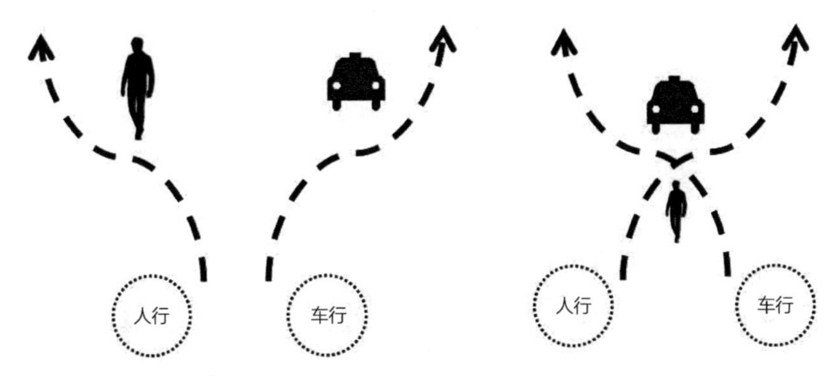

图3-1-3　人车分流示意图
（来源：情景式康复设计课题组）

（2）游线通畅性

根据户外调研情况，散步是社区公园里的居民进行的主要活动之一。所以，要加强步行道路的设计。由于使用群体的个体因素差异，喜好与使用需求不同，应考虑对步行道路系统进行多环线路径设计，部分人群来社区公园多为无目的性的散步，有的只是饭后锻炼身体或与熟人聊天。目标性较强的端头路不太合适，应将步行通道串联形成环形路，使人有更多的选择。（图3-1-4）

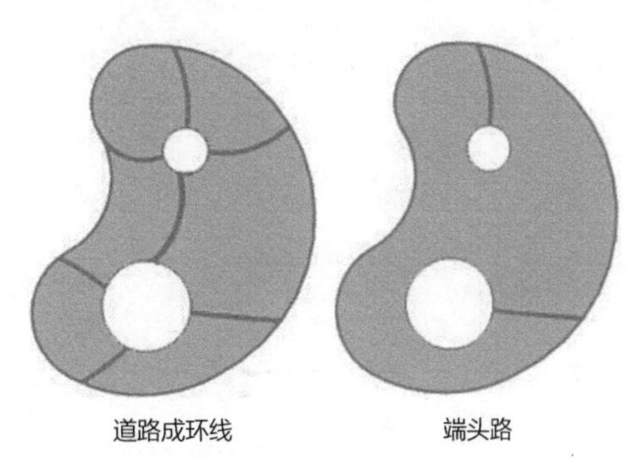

图3-1-4　道路环形示意图
（来源：情景式康复设计课题组）

考虑到社区公园中有一些使用轮椅的残障人群或老年人，为保证他们能进行较为舒适地散步，道路主流线宽度要大于1800mm，保证同时可通过两辆轮椅或一个陪护人员通行，最小的净宽不能小于900mm。部分有坡度的路应设扶手。（图3-1-5）

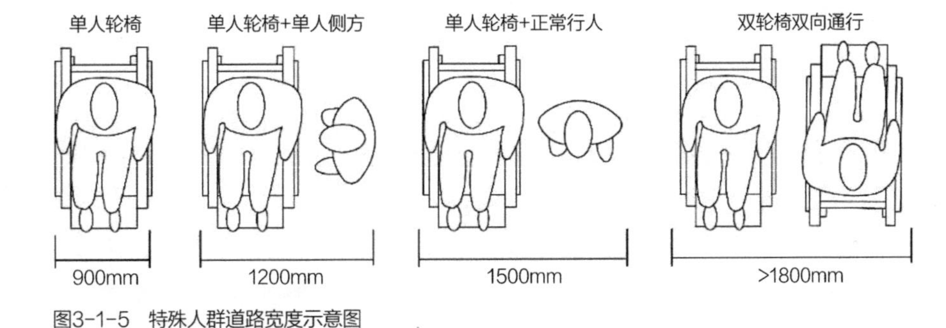

图3-1-5　特殊人群道路宽度示意图
（来源：情景式康复设计课题组）

（二）舒适的竖向设计

1. 台阶设计

关于户外空间中台阶的设计笔者总结了三个方面：

（1）台阶的踏步数应大于3步，休息平台最多不能大于18步，考虑到社区公园内使用主体为老年人居多，因此休息平台可考虑10步左右，防止老年人体力不支时可随时休息，此外踏步的平立面尽量区分，在有高差变化时应有较为醒目的颜色提醒。（图3-1-6）

（2）对于残障人群和使用轮椅的老年人，中间平台至少保留1800mm×1800mm的空间，当坡道有三个以上平台时，遇到对向行走的人，可以作为让车使用。

（3）台阶整体应平整，坡度不宜过大，踏步高度不超过15cm，宽度应大于等于30cm，以便中老年和带孩子的家长可以站稳休息，此外还要注意踏步前缘缩进尺寸应该在2cm以内。（图3-1-7）

图3-1-6　户外台阶的设计要点实景
（来源：花瓣网）

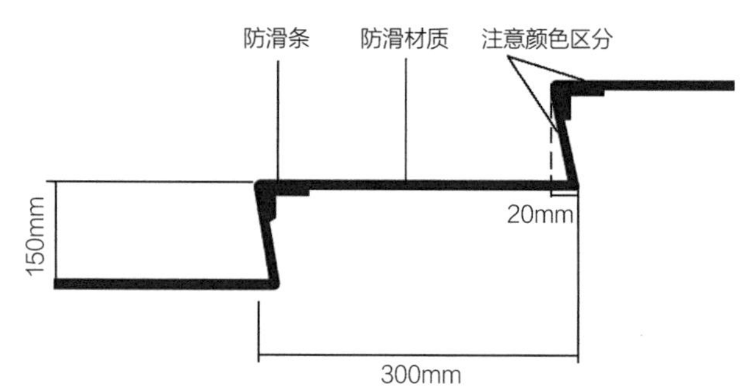

图3-1-7　户外台阶设计要点
（来源：情景式康复设计课题组）

2. 坡道设计

（1）根据设计规范，在进行坡道设计时，残疾人坡道要求最大设计坡度为1：12。户外较为适宜的坡道坡度为1：15~1：20之间。设计时结合场地现状，应尽量放缓坡度，坡道的宽度为保证轮椅使用者双向通行，应大于2m。（图3-1-8）

（2）在坡道的两侧部分注意扶手的设计，尽量进行双扶手设置，正常扶手高度为900mm，轮椅使用者扶手高度为650mm，扶手应贯穿坡道全程，在坡道的开始和结束的端头扶手的长度应超出450mm，此外在坡道的转换处应留有进深不小于1.5m的缓冲带。

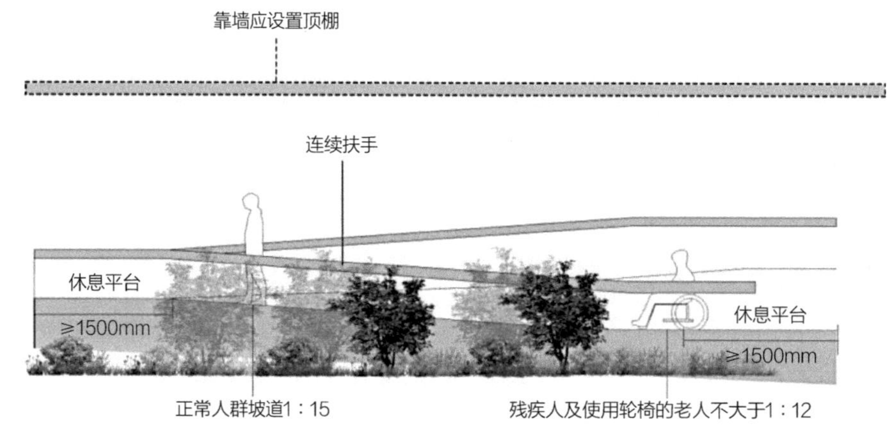

图3-1-8　坡道设计示意图
（来源：情景式康复设计课题组）

（3）由于坡道有一定的坡度，对坡道的面层材料有较高的要求，以防止老人和儿童在雨雪天摔倒。因此，坡道应该适用于防滑和低反射的铺路材料，且易于维护。

（三）丰富的感官体验

1. 视觉

植物不仅能给人的视觉带来丰富的体验，合理利用场地的地形，形成高低错落的变化，也会对人造成视觉影响，同时根据变化形成不同的景观空间。一般情况下，利用地形最多的手法就是凹陷和凸起，凸起的微地形本身较容易形成视觉焦点，坡度设计一般为1：3，而凹陷的地形会使空间形成较为私密的空间，给人以安全感。（图3-1-9）

图3-1-9　起伏的地形带来视觉的变化
（来源：花瓣网）

根据场地内活动人群的划分，属于儿童类的活动场地，其铺装可以使用彩色铺装，如红色、黄色、橙色等具有活力的颜色。人群聚集区域的广场等，应避免选用过于刺激性的颜色，以免造成心理上的不适。

2. 听觉

听觉是人们感官中一个有趣的系统，听觉系统中有人体全身上下运动最快速的细胞，也是我们和外界沟通交流的重要感官。随着城市化的加深，一些自然景观逐渐消失在我们的生活中，鸟叫声、风吹树叶草地的声音、哗哗的流水声等自然的声音是都市人所渴望的。自然的声音对人的身心健康促进具有一定帮助，能够舒缓人们的心情，放松人们的压力。在设计中可以利用扩大声音的装置帮助人们“聆听自然”，使我们很容易听到自然界的声音。也可以利用乐器的原理，设计高度不同的用来敲击的声管，一方面可以刺激到听觉感受，另一方面鼓励居民前来互动。（图3-1-10、图3-1-11）

自然要素中植物的叶片在风、雨等自然气候的影响下，会发出声音，如阔叶植物响叶杨就是因叶片碰撞而得名。我国古代也有“秋阴不散霜飞晚，留得枯荷听雨声。”的佳句。所以，在某些空间可以设计此类声景，使游人的听觉体验更加丰富。此外，由植物吸引而来的昆虫和动物也会发出声音，常见的如蝉鸣、蟋蟀的叫声。在进行植物配置的时候，可以选择结果植物或者蜜源植物，例如蝴蝶类较为喜欢芸香科植物，种植橙子、橘子、花椒等吸引其前来，另外像海桐、茴香、天竺葵等，也可以吸引鸟类、松鼠等一些动物和昆虫，从而构成自然“声景”。（图3-1-12）

图3-1-10　日本“shiru-ku Road”公园里的听觉装置
（来源：百度）

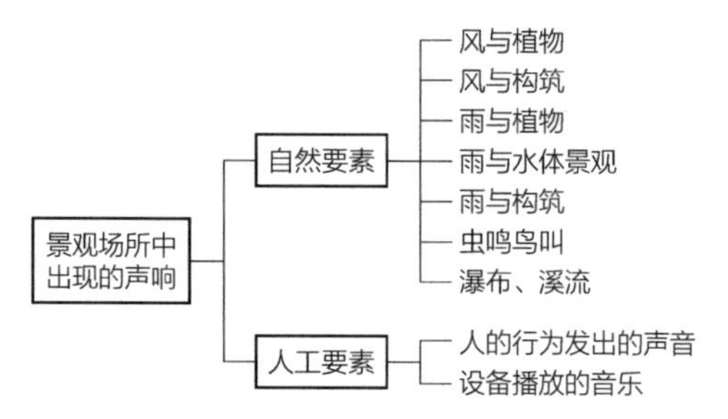

图3-1-11　景观中出现的声音
（来源：情景式康复设计课题组）

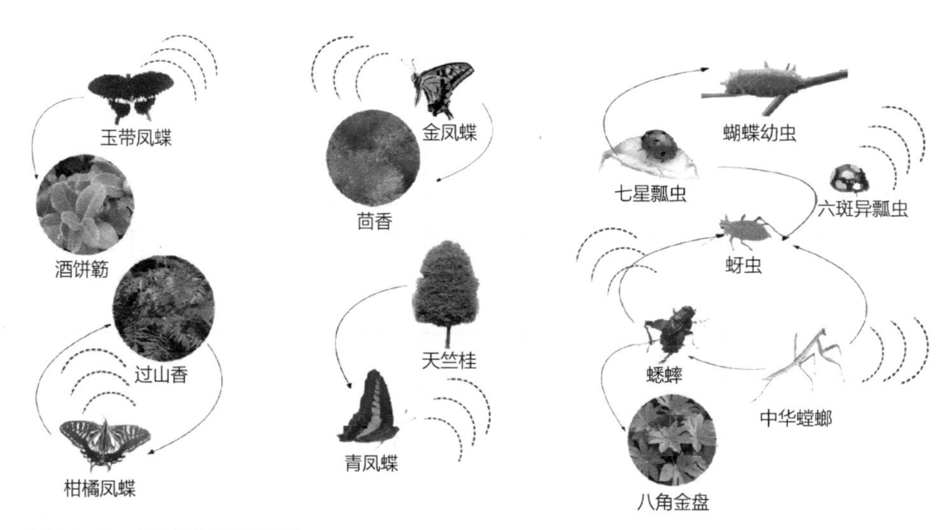

图3-1-12　部分植物吸引的昆虫
（来源：情景式康复设计课题组）

3. 触觉

触觉可以带来人们对景观空间的主观感受，触觉相对于其他几种感官，具有更加细腻和微妙的特点，因此要注意场地内触觉的舒适度。社区公园中活动的人一般是通过手脚和躯干与场地发生互动关系，同时可以传递给人们各种环境信息，包括公园中的湿度、风向、太阳，都会对人的皮肤产生影响。例如风向的处理，图3-1-13是社区公园道路中躯干避风设计示意图，从图中可以看出风的主要流向，当居民长时间背风而坐，会导致使用者体表温度降低，可能引发感冒等疾病。设计中可以利用小乔木和灌木的层次设计减缓风速，并形成围合空间，人们在场地内既能感受风的吹动，又安全、舒适。

此外，足部作为人身体和景观接触较多的部分，对于脚底的变换十分敏感。一般情况下，人们会在铺装交接变化的地方主动踩踏，感受脚底的触感变化。经过特殊处理的材料，会让人感受到与本空间的协调性。例如对金属表面拉丝，使金属具有纹理，会增加现代感；对金属表面进行氧化处理，可以使金属有沧桑感。材料是实现景观效果的物质载体，感知材料就是感知景观空间的属性，各种不同的材料经过组合变化，向人们传递着场所中的信息，同时带来不一样的感官体验。（表3-1-1）

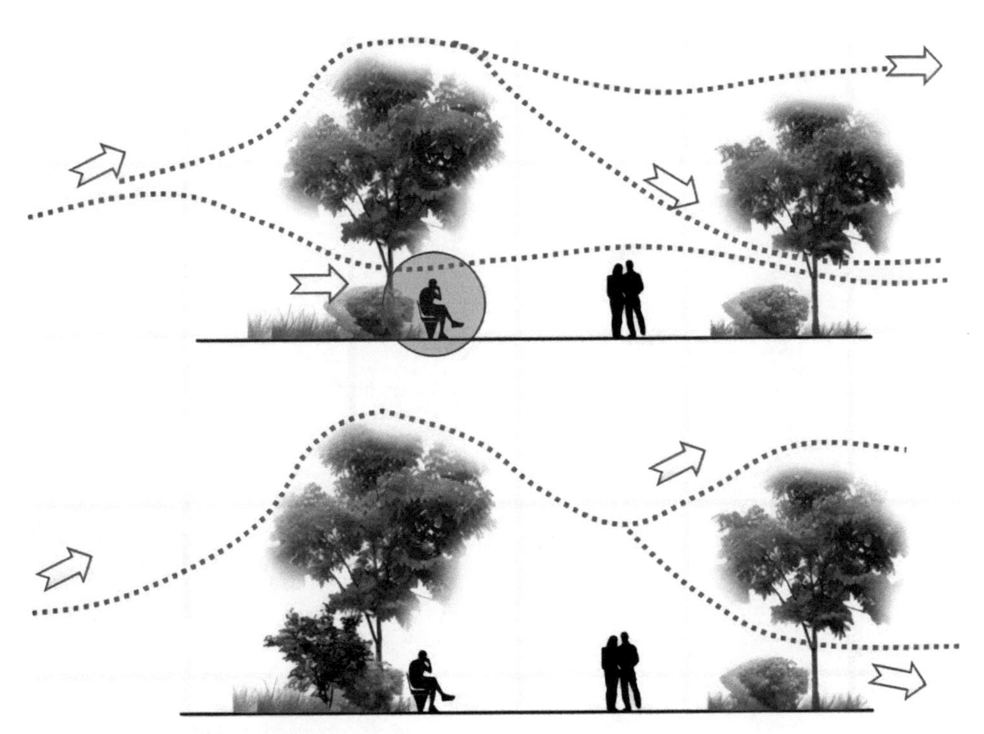
图3-1-13　躯干避风设计示意图
（来源：情景式康复设计课题组）

景观设计中常见材料及触觉感受　　表3-1-1

类别	名称	生态程度	触觉舒适度	图片
自然	木材	中	高	
	石材	中	低	
	泥土	高	中	
人工	混凝土	很低	中	

续表

类别	名称	生态程度	触觉舒适度	图片
人工	地砖	低	低	
	瓷砖	很低	低	
	金属	低	低	
	沥青	低	中	
回收再生	压缩板材	中	低	
	有废旧玻璃的瓷砖	低	中	

（数据来源：根据相关文献自绘）

4. 味觉

由于味觉需要品尝，所以味觉是所有感官中较难体现的，创新部分还较少。目前主要的景观中，味觉体验方式是在场地种植可以食用的植物，如苹果、桃、草莓等水果，供游人品尝。

（四）满足康复需求的植物配置

景观绿地中的灌木、花卉、地被植物等均有促进康复的功效，这些植物具有各种各样的形态、气味、质感、色彩，通过设计师的合理搭配，能为前来的居民带来全方位的康复体验和美的感受。在目前的康复景观中，视觉体验和嗅觉体验是两个主要的康复途径。

1. 视觉体验

植物的颜色对人视觉刺激较为明显，在当代色彩心理学中提到植物的颜色配置会影响人们的情绪和健康状态。我国古代很早之前也提到色彩与人身体的关系，如在《黄帝内经》中提到："黄赤为热，黑青为痛，白为寒，此所谓视而可见者也"。（表3-1-2、表3-1-3）

常见观果植物及颜色　　表 3-1-2

颜色	视觉感受	作用	可选植物
红色	亢奋、激情、热烈	促进血液循环，对低血压、抑郁症、孤僻症有疗愈作用	山楂、南天竹、红果冬青
黄色、橙色	温馨、活力、希望	对糖尿病、神经质、阿尔茨海默病、消化不良有疗愈作用	银杏、柿子、金桔、佛手柑
白色	纯洁、卫生、淡雅	缓解易怒、高血压、心脏病的发病率	南天竹、珠兰
紫色、蓝色、黑色	神秘、浪漫、优雅	减缓睡眠障碍、焦虑、狂躁症状	八角金盘、葡萄、西洋常春藤

常见观花植物及颜色　　表 3-1-3

	蓝色	白色	黄色	紫色	红色
春	风信子、蓝花楹、矢车菊	广玉兰、山杏梨、白玉兰、山茶、含笑	连翘、蜡梅、金钟花、黄兰	紫荆、三角梅、泡桐、映山红	山桃花、山杏、海棠、樱花、牡丹
夏	鼠尾草、八仙花、乌头飞燕草	茉莉、木香、栀子花、七叶树、玉簪花	鸡蛋花、卫矛、黄槐、栾树	木槿、牵牛花、紫薇	合欢、红紫薇、扶桑、凌霄、天竺葵
秋	风铃草、藿香蓟	木槿、八角金盘、九里香、油茶	桂花、合欢、菊花	九重葛、钱日红	木芙蓉、大丽花、羊甲蹄
冬	—	梅花、鹅掌柴	蜡梅、万寿菊	—	一品红、红梅、山茶花

2. 嗅觉体验

嗅觉体验又称芳香疗法，是通过嗅吸活体植物挥发的香气，改善人的情绪，预防和治疗疾病。其主要途径是通过嗅吸香味刺激影响大脑中枢神经控制代谢、睡眠、荷尔蒙分泌等功能的结构。合理的芳香植物搭配，不仅对日常居民的健康有促进作用，更为附近的亚健康人群提供了一个放松疗愈的场所，让他们从工作压力、复杂的人际关系中解脱出来，达到心灵的疗愈。（图3-1-14、表3-1-4）

社区常见芳香植物作用功效表　　表 3-1-4

	放松	高血压	低血压	抑郁	头疼	焦虑	疲劳	悲伤	睡眠障碍	消化系统
茉莉	√									
栀子花	√	√					√			
桂花	√		√			√	√			
木香				√				√		√
薰衣草	√					√	√		√	
米兰			√							

续表

	放松	高血压	低血压	抑郁	头疼	焦虑	疲劳	悲伤	睡眠障碍	消化系统
玫瑰花	√	√	√				√			
荷花	√					√				
菊花							√			
百里香	√					√		√		
香叶									√	
薄荷				√		√		√		√
丁香									√	
迷迭香		√						√		
辛夷										√
藿香				√						
罗勒			√		√					
紫罗兰							√		√	
艾叶			√							
七里香			√		√			√		
鼠尾草				√			√		√	
香茅草		√			√	√				
紫苏						√				
肉桂				√						√

图3-1-14　德国汉诺威公园居民正在嗅吸植物的香气
（来源：搜狐网）

3. 降糖植物

结合调研和相关资料，我国目前患高血压、高血糖的人群逐渐年轻化，心脑血管疾病已经成为我国致死人数最高的疾病之一。选取本土适宜栽种的几种可食降糖植物融合在不同的空间内，目的是提醒社区居民在日常生活中养成健康的饮食习惯和身体活动习惯，促进全民身体素质提升。（表3-1-5）

适宜社区种植降低血糖的植物　　表3-1-5

植物名称	图片	功效
明月草		咀嚼叶片或泡茶可以促进胰岛素的分泌，从而降低血糖
葵花		葵花籽主要为不饱和脂肪，有助于降低人体的血液胆固醇水平，保护心血管健康
芦荟		可扩张毛细血管，促进调整血压的前列腺素E的合成，使全身血液循环得到改善、血压下降
芹菜		适合糖尿病患者食用。由于高纤维素食物让血糖浓度的上升变得缓慢，糖尿病人吃芹菜可防止餐后血糖值迅速上升
黄连		中药黄连降血糖其实是通过抑制人体当中糖的分泌以及促进糖分解来实现的降血糖效果

续表

植物名称	图片	功效
蒲公英		蒲公英性寒味甘，将它搭配玉米须泡茶喝，有降血糖、利尿的功效，患有糖尿病的人可以多饮用
甜叶菊		甜叶菊的叶子中含有大量的甜叶菊糖，这种成分可以用来治疗糖尿病，还能有效地降血糖、降血压
桑叶		降低血糖和胆固醇，抗血栓和抗动脉粥样硬化

第二节

实践案例：重庆梨支园社区公园康复景观设计

一、场地概况

（一）政策导向

重庆市政府2018年8月发布《利用主城建成区边角地建设社区体育文化公园实施方案》方案中提出，要进一步提升主城区绿地总量，完善城市绿地系统，为市民提供更多、更好的休憩、活动空间。到2022年主城区增加城市绿地3000万m^2以上，新改建社区公园（游园）和社区体育文化公园300个。在社区公园中融入康复景观，不仅可以提高居民生活环境质量，还能给居民带来身心的益处，使城市绿地更好地发挥其价值。

（二）项目区位

本次项目场地位置处于重庆市南岸区梨支园社区，位于南铜路、海铜路交会处，地块为社区附属绿地，占地面积约7700m^2。周边主要为居住用地、商业用地，通行人流量较大，有强烈的配套需求。（图3-2-1）

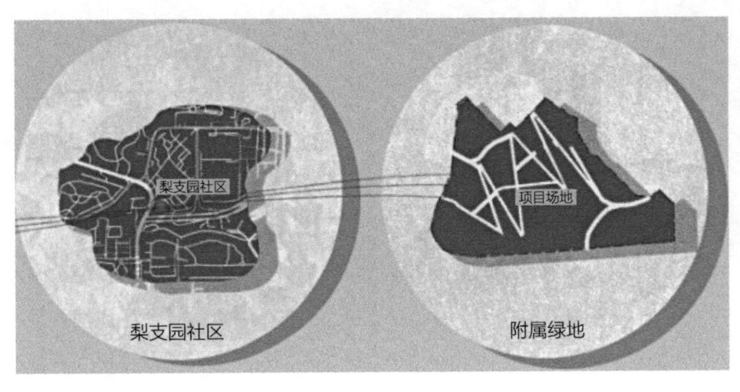

本次项目场地位置处于重庆市南岸区梨支园社区，位于南铜路、海铜路交汇处，地块为社区附属绿地，占地面积约7700m^2。周边主要为居住用地、商业用地，通行人流量较大。

图3-2-1　场地区位
（来源：情景式康复设计课题组）

（三）场地现状

1. 空间现状

该地块总面积为7700m^2，整个场地由东向西逐渐升高，地形高差达14m左右，呈现出重庆特色的山地地形。但由于该地块长期无人管理，内部杂草丛生，一些生活垃圾被堆在场地内。场地周围有两栋写字楼，加上内部乔木较多且密度大，因此导致区域内一些地方长期见不到阳光，尤其是下过雨后道路十分泥泞，不便通行。目前场地内只有一个废弃的篮球场，无其他可使用的区域，缺乏景观层次，流线不清晰，空间利用率极低，这也导致周围居民很少来访，呈现半荒废状态。（图3-2-2、图3-2-3）

场地现状问题

A. 外卖配送通道
路线占道，存在安全隐患。强制人车分流或更改通路。

B. 景观汀步通道
跨步尺度不合适，功能性差且存在安全隐患。

C. 快速通道
三段台阶连续，距离过长，心理压力大。

D. 球场
近乎废弃，植物密度过高影响采光；野蛮生长，侵蚀场地；没有休息区。

场地现状问题

A. 挡土墙
形式大于使用价值，作用不大，进行拆除改造。

B. 路灯
路灯维护不当，基本处于半废弃状态。

C. 垃圾堆放
垃圾长期堆放于此处，清运进展缓慢。

D. 临时垃圾桶
临时放置垃圾桶，满足功能性，但过于简陋。

图3-2-2 场地现状分析
（来源：情景式康复设计课题组）

空间现状

部分空间被堆放垃圾

空间潮湿道路泥泞

废弃运动场地

场地利用率低

图3-2-3 空间现状
（来源：情景式康复设计课题组）

2. 植被现状

现场的乔木较多，有黄桷树、小叶榕等，部分树木有保留价值，地被植物较为单一，以蕨类植物为主。此外，场地内植物的颜色绿色较多，无色彩上的变化。缺少能刺激视觉和嗅觉的植被种类。场地中的硬质景观都较为生硬，软质景观植物单一，且形式上没有合理搭配，居民的体验感较差。（图3-2-4）

植被现状

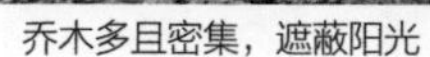
乔木多且密集，遮蔽阳光

视野内均是绿色植被

蕨类植物过多造成植被单一

部分角落杂草丛生

图3-2-4　植被现状
（来源：情景式康复设计课题组）

3. 景观设施现状

场地内无座椅等可供休息的地方，与建筑连接的地面塌陷，有一定危险性，仅存的几个景观灯设施通过居民了解到已经损坏，晚上几乎无照明。道路旁扶手部分已经生锈脱落，对老年人十分不友好。运动设施方面只有一个废弃的篮球场，篮筐与篮球架已损坏无法使用，无适合居民进行运动锻炼康复的设施。场地中供休憩的景观座椅较少，限制了居民开展户外活动，其中设置的座椅大部分是石凳，很多景观座椅已经损坏，并且座位放置的地方不合适，几乎没有人去坐。给社区居民带来不便的同时，造成交往空间的缺乏。（图3-2-5）

景观设施现状

废弃的篮球架

无法提供照明的景观灯

老旧景观墙

已损坏的场地扶手

图3-2-5　景观设施现状
（来源：情景式康复设计课题组）

4. 周边环境及交通

场地位于南铜路与海铜路交叉口，距离轻轨3号线工贸站300m，东边与亚太商谷居住区相邻，小型商铺较多，人流量较大，西边为双峰山社区的旧居民区和融创小学，时常有居民穿越场地前往亚太商谷，南边是上海城小区和家具城，总体来说周边主要以商业和居民区为主。（图3-2-6、图3-2-7）

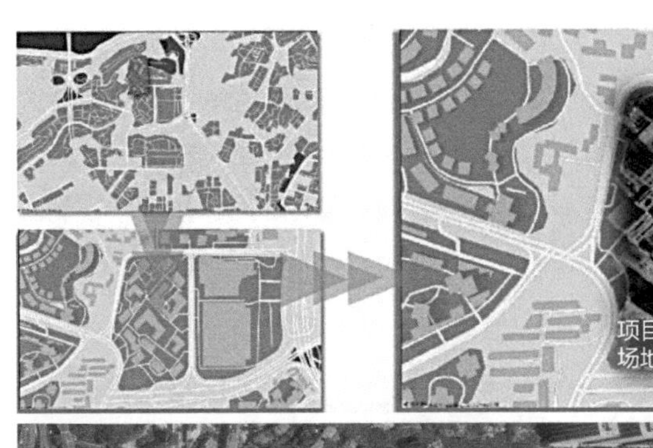

图3-2-6　周边环境
（来源：情景式康复设计课题组）

图3-2-7　周边道路交通
（来源：情景式康复设计课题组）

5. 健身活动受限

老年人对于健身设备和健身空间的需求较大，场地中没有合理地布置康体设施，一些设施放置在人无法停留的地方，导致居民无法使用。还有一些由于使用不当，导致了一定程度上的损坏，后期维护困难。（图3-2-8）

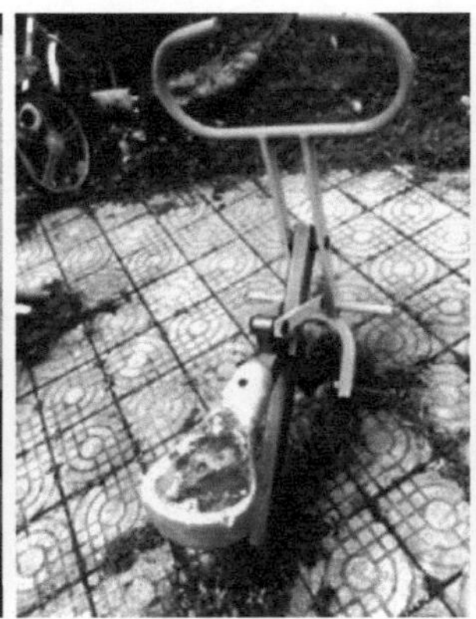

图3-2-8 健身设施问题现状
（来源：情景式康复设计课题组）

6. 缺少竖向设计及无障碍设施

场地地形较为复杂并有一定高差，合理地利用高差可以使场地视觉上更为丰富，目前场地忽略了社区中特殊群体的使用需求，有的甚至无法进入场地使用，这违背了设计以人为本的原则，也同样导致场地的使用率不高。（图3-2-9）

图3-2-9 入口隐蔽且无扶手
（来源：情景式康复设计课题组）

7. 小结：场地优势与劣势

场地优势	场地问题
原始植被茂密，有一定的降噪、降尘能力	基本功能无法满足，场地无法供人停留
场地本身有无障碍通道，有一定的设施基础	场地受关注程度低，需要通过合理的设计激活场地活力
场地周边社区多，有广大的受众群体与潜在的影响力	缺少核心主题内核，与周边环境、社会契合度不高
潜在的影响力	契合度不高
场地外部紧邻交通要道，居民到达场地较为便利	场地交通流线未能形成环线，且人车不分流

二、人群需求调研

对社区进行了人群需求调研，包括居民构成、对场地看法和具体需求三个方面组成。调研问卷共印发45份，回收34份有效答卷。从调研数据可以看出占比最大的人群是老年群体（65岁以上）占比55%，然后是中年群体占比23%，青年群体占比12%，儿童和青少年群体占比10%（图3-2-10）。在来访时间的长短方面，随着年龄的增加，在社区公园内停留的时间也会增加，这也从另一个方面说明了在目前的社区公园中，使用的主体人群以老年群体为主，因此在设计时要更多地考虑到老年群体的需求。

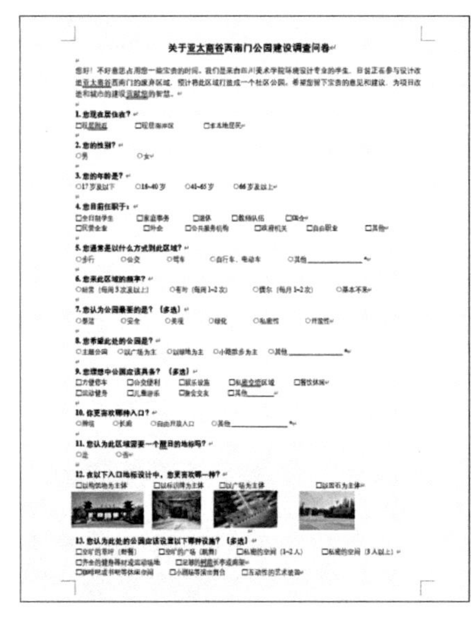

关于亚太商谷西南门公园建设调查问卷

您好！不好意思占用您一些宝贵的时间。我们是来自四川美术学院环境设计专业的学生，目前正在参与设计改造亚太商谷西南门的废弃区域，预计将此区域打造成一个社区公园，希望您留下宝贵的意见和建议，为项目改造和城市的建设贡献您的智慧。

1. 您现在居住在？
□现居附近 □现住南岸区 □非本地居民

2. 您的性别？
○男 ○女

3. 您的年龄是？
○17岁及以下 ○18-40岁 ○41-65岁 ○66岁及以上

4. 您目前任职于：
□全日制学生 □家庭事务 □退休 □教师队伍 □国企
□民营企业 □外企 □公共服务机构 □政府机关 □自由职业 □其他

5. 您通常是以什么方式到此区域？
○步行 ○公交 ○驾车 ○自行车、电动车 ○其他________

6. 您来此区域的频率？
○经常（每周3次及以上） ○有时（每周1-2次） ○偶尔（每月1-2次） ○基本不来

7. 您认为公园最重要的是？（多选）
○整洁 ○安全 ○美观 ○绿化 ○私密性 ○开放性

8. 您希望此处的公园是？
○主题公园 ○以广场为主 ○以绿地为主 ○小路散步为主 ○其他________

9. 您理想中公园应该具备？（多选）
□方便停车 □公交便利 □娱乐设施 □私密空间区域 □餐饮休闲
□运动健身 □儿童游乐 □聚会交友 □其他________

10. 你更喜欢哪种入口？
○牌坊 ○长廊 ○自由开放入口 ○其他________

11. 您认为此区域需要一个醒目的地标吗？
○是 ○否

12. 在以下入口地标设计中，您更喜欢哪一种？
□以构筑物为主体 □以标识牌为主体 □以广场为主体 □以置石为主体

13. 您认为此处的公园应该设置以下哪种设施？（多选）
□空旷的草坪（野餐） □空旷的广场（跳舞） □私密的空间（1-2人） □私密的空间（3人以上）
□齐全的健身器材或运动场地 □足够的树荫长亭或廊架
□咖啡吧或书吧等休闲空间 □小剧场等演出舞台 □互动性的艺术装置

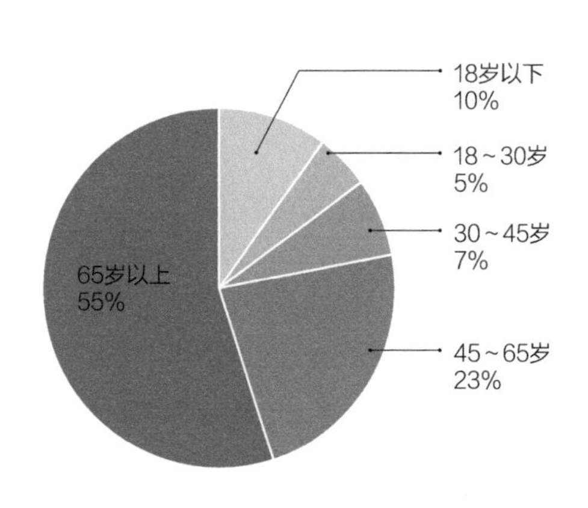

图3-2-10 来访人群年龄
（来源：情景式康复设计课题组）

图3-2-11反映了现场部分群体的基本现状：图3-2-11a是午后休闲的中年妇女：为少有的阳光下楼休息时间，但并未在场地里停留。此时正闲聊准备相约到附近逛逛，谈话中多次提到孩子的事，平时也要负责接送孩子上幼儿园和小学；图3-2-11b是带孩子的青年母亲：正在扶起摔在地上的女儿，每天接送孩子上幼儿园要经过场地，抱怨这么长的梯步对学龄前儿童非常不友好；图3-2-11c是行动不便的老人：小区内随处可见乘坐轮椅行动不便的老人，小区内老龄化程度较为显著；图3-2-11d是吃饭的环卫工人：放下清洁工具，坐在场地南侧的下行通道的梯步上吃午饭，场地中没有可供休息的座位。

从统计的来访目的可以看到，首先是希望散步、社交和锻炼身体的人数最多，合计28%；其次是

（a）

（b）

（c）

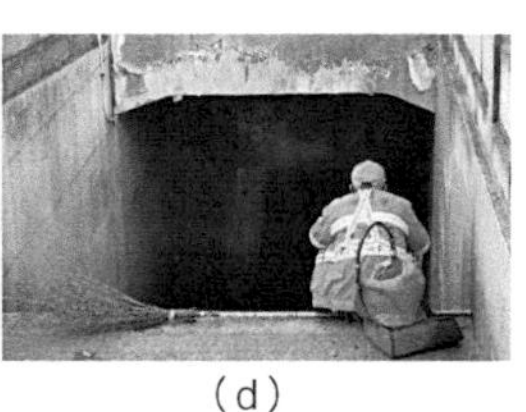

（d）

图3-2-11 现场部分人群现状
（来源：情景式康复设计课题组）

带孩子、跳广场舞和放松身心的人群，占比17%，表明大部分居民去社区公园希望能促进健康、放松身心和交友社交（图3-2-12）。从调研的居民健康状况统计图中可以看到（图3-2-13），随着年龄的递增，中老年群体的疾病问题占比呈显著上升趋势。

在调研中居民感兴趣的活动和环境，排名第一的是社交活动空间，第二的是自然的植栽环境，运动场和广场坝子并列第三（图3-2-14）。

居民对于场地的整体感受是坡度大、可达性差、场地的使用情况较差、小区内没有足够的场地供人锻炼，调研中居民对运动、娱乐的需求都较为明显。通过调研梳理，社区中老人对场地的使用需求较高，对康复景观有一定的需求，在公园期望的方面，以健身需求、解压需求和社交需求为主要需求导向。（图3-2-15～图3-2-18）

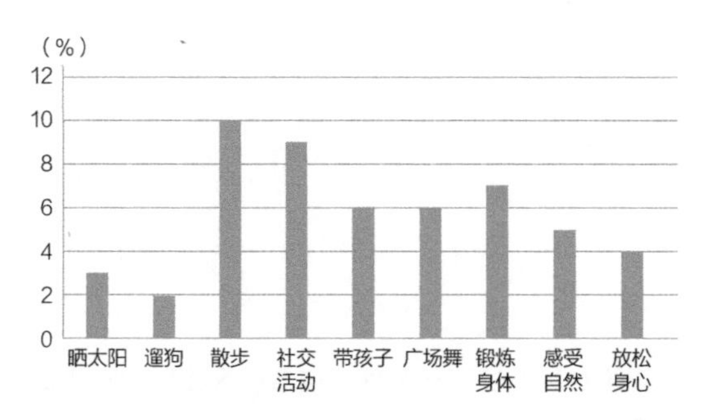

图3-2-12　来访目的
（来源：情景式康复设计课题组）

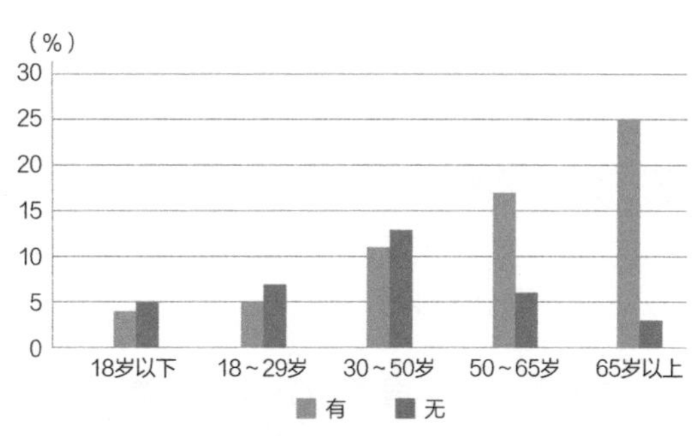

图3-2-13　有无健康问题统计
（来源：情景式康复设计课题组）

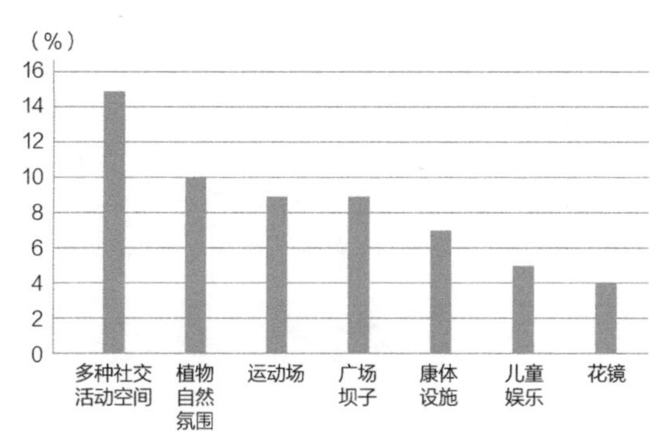

图3-2-14　居民认为能够促进健康的元素或空间
（来源：情景式康复设计课题组）

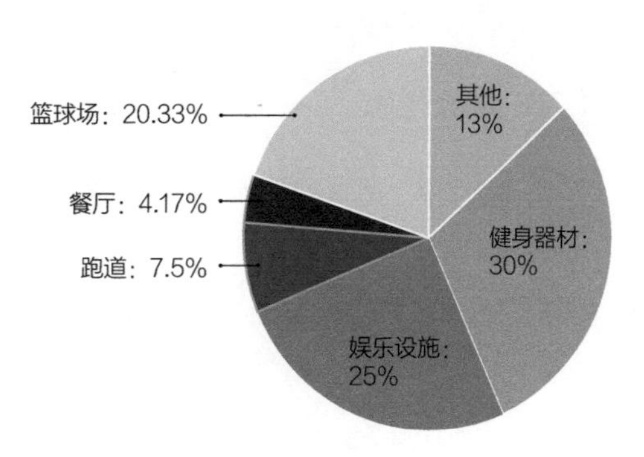

图3-2-15　居民对公园基础设施需求
（来源：情景式康复设计课题组）

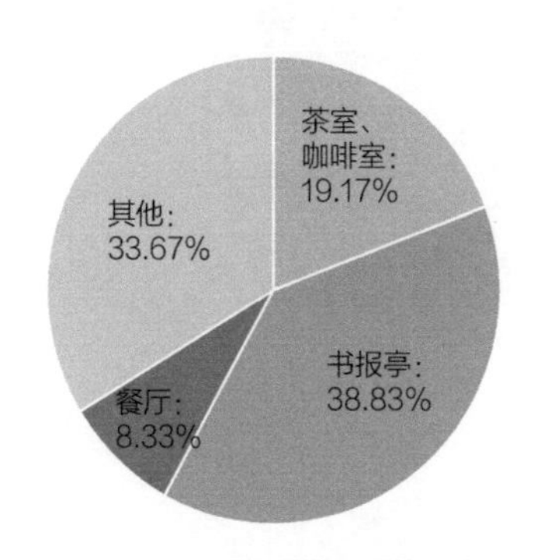

图3-2-16　居民对增项设施需求
（来源：情景式康复设计课题组）

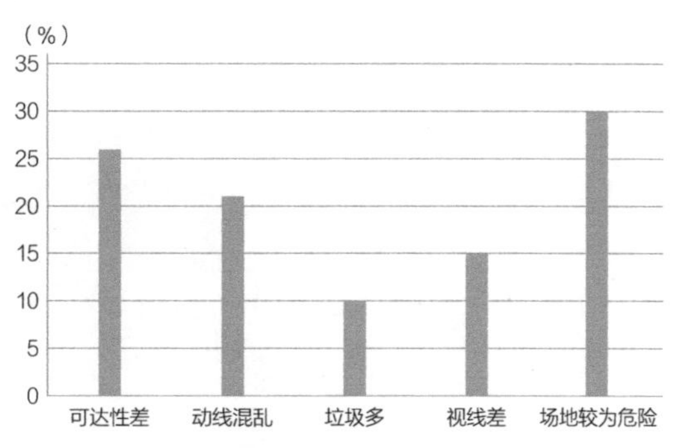

图3-2-17　居民对场地的整体感受
（来源：情景式康复设计课题组）

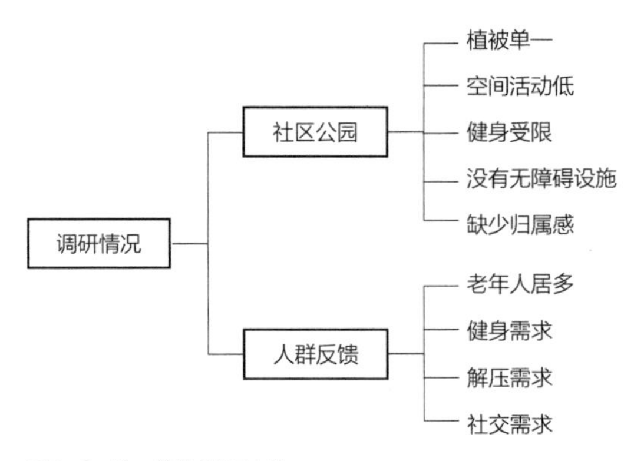

图3-2-18　整体调研小结
（来源：情景式康复设计课题组）

三、设计策略

（一）设计理念

本次设计以社区居民的需求为切入点，特别是老年群体对场地的可利用性，结合社区独特的文化背景，构建多样性的社交活动空间。营造舒适尺度的环境，选取亲近自然的材料，让社区居民在城市小区里也能接触到自然的材质与环境。通过细致体贴的细部设计，增强景观的功能性与参与性，为居民营造一个环境优美、放松身心的康养公园。

（二）设计构思

根据场地现状，按高差情况把地形大致分为三个部分：高区、中区、低区（图3-2-19）。

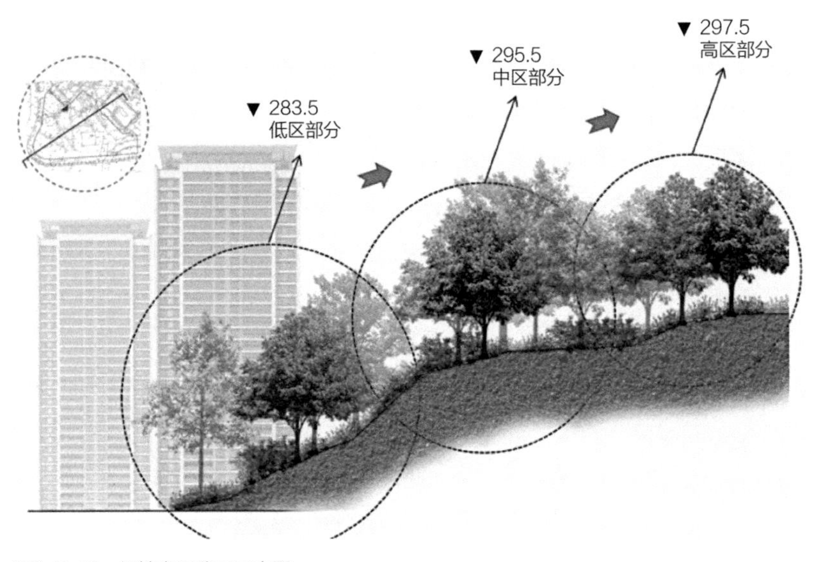

图3-2-19　场地立面分区示意图
（来源：情景式康复设计课题组）

高区整体地形起伏变化较小，可作为主入口，形成场地的第一个开敞性空间，由于原场地杂树较多，因此需要把现场过多的树木进行整理，使视线开阔。可考虑设计入口互动广场，与斑马线靠近的位置进行硬质铺装，对前来的居民有一个引导作用，还可以利用听觉和视觉的感官作用，让居民产生好奇心理，吸引更多的居民进入场地。（图3-2-20）

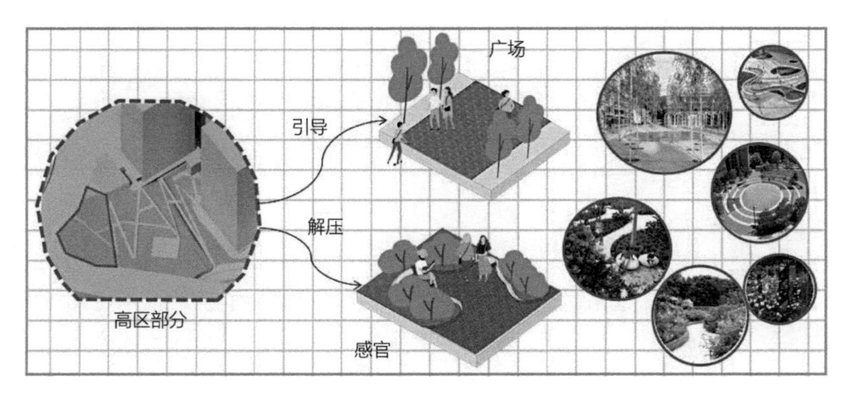

图3-2-20　高区构思图
（来源：情景式康复设计课题组）

中区位于场地中部地形相对平坦的区域，考虑到社区居民社交与集体性活动的需求，在此构思设计居民的社交空间，布局可供居民跳舞和举办活动的场地，满足居民的日常使用，同时交通流线上利用阶梯和坡道两种形式，连接高区和低区，起到承上启下的作用。（图3-2-21）

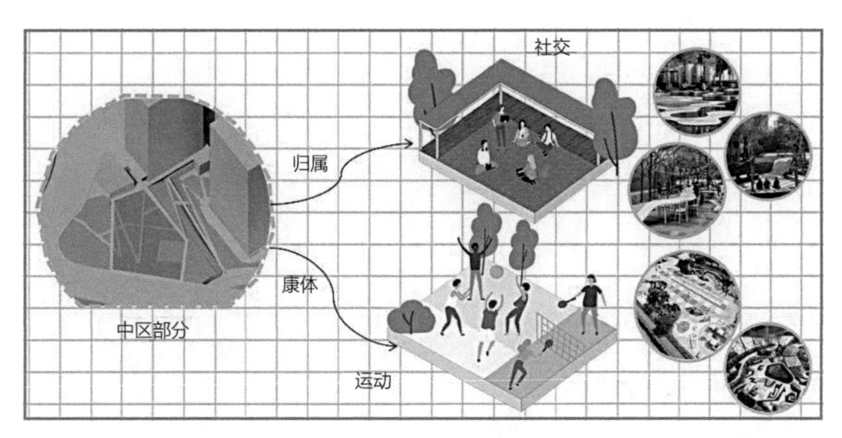

图3-2-21　中区构思图
（来源：情景式康复设计课题组）

低区是场地的最低处，最低点距中区有14m高差，设计通过放坡的方式解决高差问题。布局中尽量保留并利用原场地道路，通过扩宽道路、设置休息座椅和加建观景平台的措施，既满足无障碍通道的坡度要求，也方便老年使用者在步行活动中随时休息的需求。同时，附近区域设置的园艺操作区，也可帮助老人提升动手能力和协调能力。（图3-2-22）

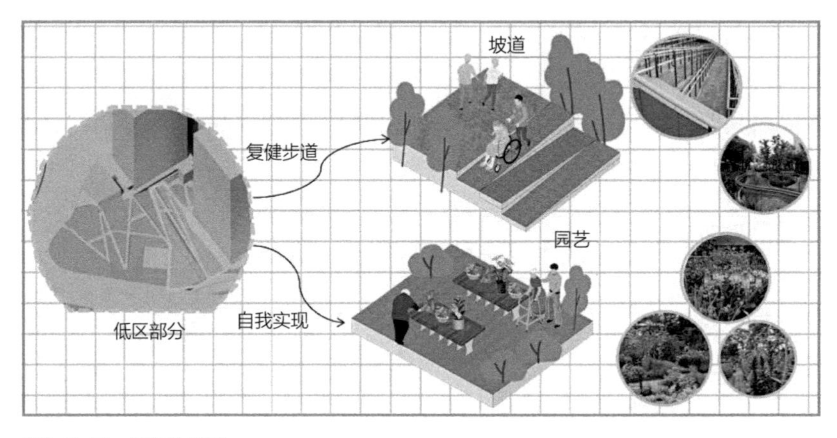

图3-2-22　低区构思图
（来源：情景式康复设计课题组）

四、设计方案

（一）总平面图

由于场地的特殊性，在空间规划方面，以高、中、低三个地形部分为基础，结合上文总结的设计方法构建四大功能区：社交互动区、感官花园区、运动康体区和园艺体验区。社交互动区包括中心广场和社区剧场全开敞空间；感官花园区包括山城茶馆、园艺区和山城印象空间半开敞空间；运动康体区包括复健步道和淘乐园开敞空间；园艺体验区包括芳香盒子、昆虫食园、黄桷树下、坐听风吟、花海秘境等较为私密空间。（图3-2-23、图3-2-24）

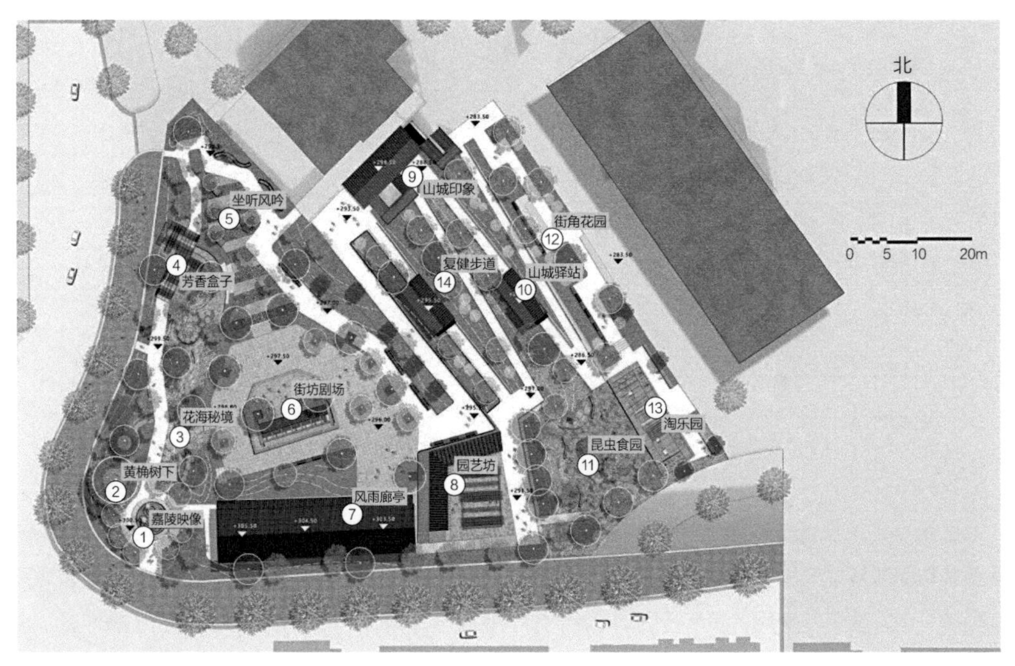

图3-2-23　总平面图
（来源：情景式康复设计课题组）

图3-2-24　场地轴测关系图
（来源：情景式康复设计课题组）

（二）功能分区

社区共四大功能板块：社交互动区、休闲感官区、运动康体区、园艺体验区（图3-2-25~图3-2-27）。

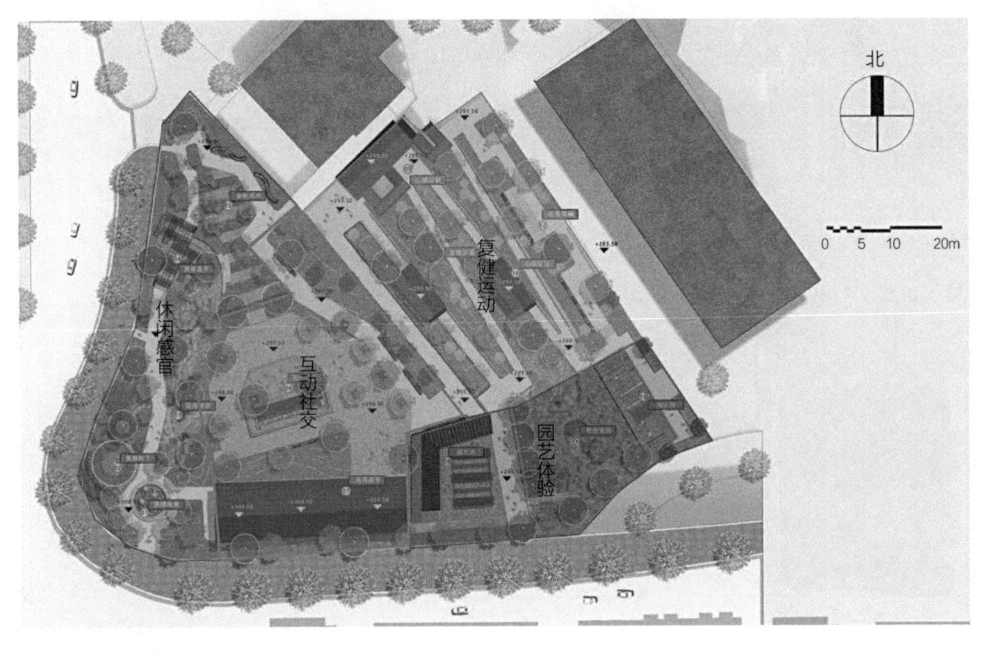

图3-2-25　功能分区
（来源：情景式康复设计课题组）

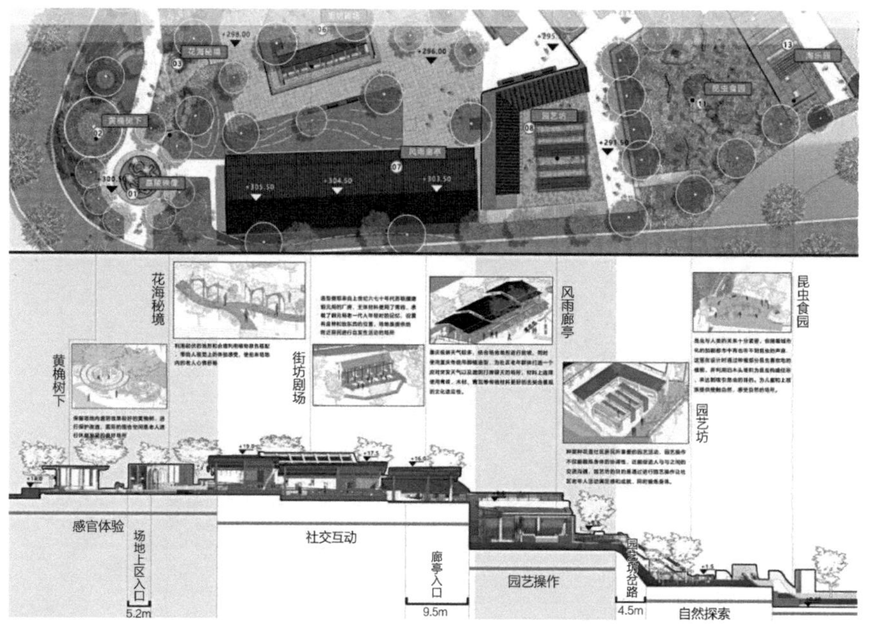

图3-2-26 场地北剖面图
（来源：情景式康复设计课题组）

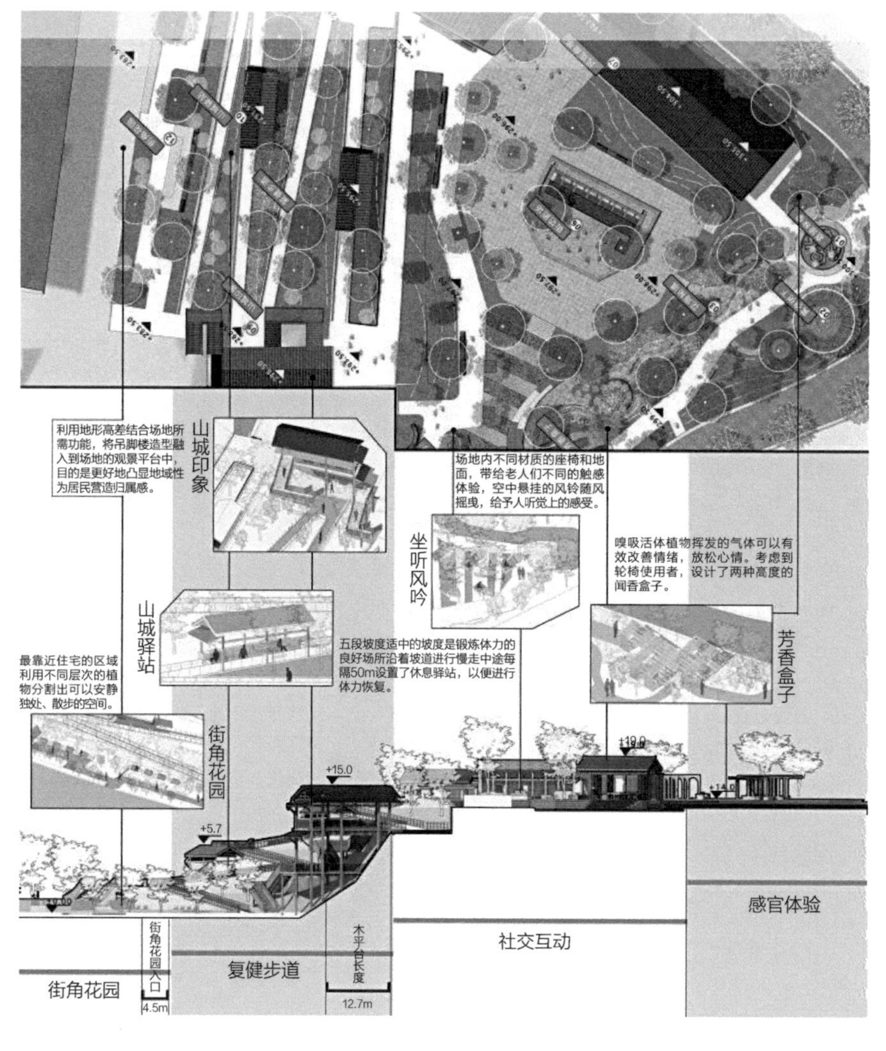

图3-2-27 场地南剖面图
（来源：情景式康复设计课题组）

（三）流线设计

场地高差较大，流线设计时考虑到场地内活动群体以老年人为主，该群体身体素质差异较大，部分老年人行动不便，需要使用轮椅进行活动。为满足不同群体需求，场地流线设计分为轮椅使用通道、普通老年人通道以及场地快速通道三种流线方式。

1. 轮椅使用者流线

考虑到轮椅使用者行动不便，利用场地周边原有建筑内部电梯，加建连接平台，实现场地纵向交通流线的可能性。轮椅使用者可通过乘坐电梯到达场地高区的休闲感官区和社交互动区进行康复活动，场地中无障碍通道坡度小于6.6%，并在坡度较高地区设置双层扶手，方便老人的使用。（图3-2-28）

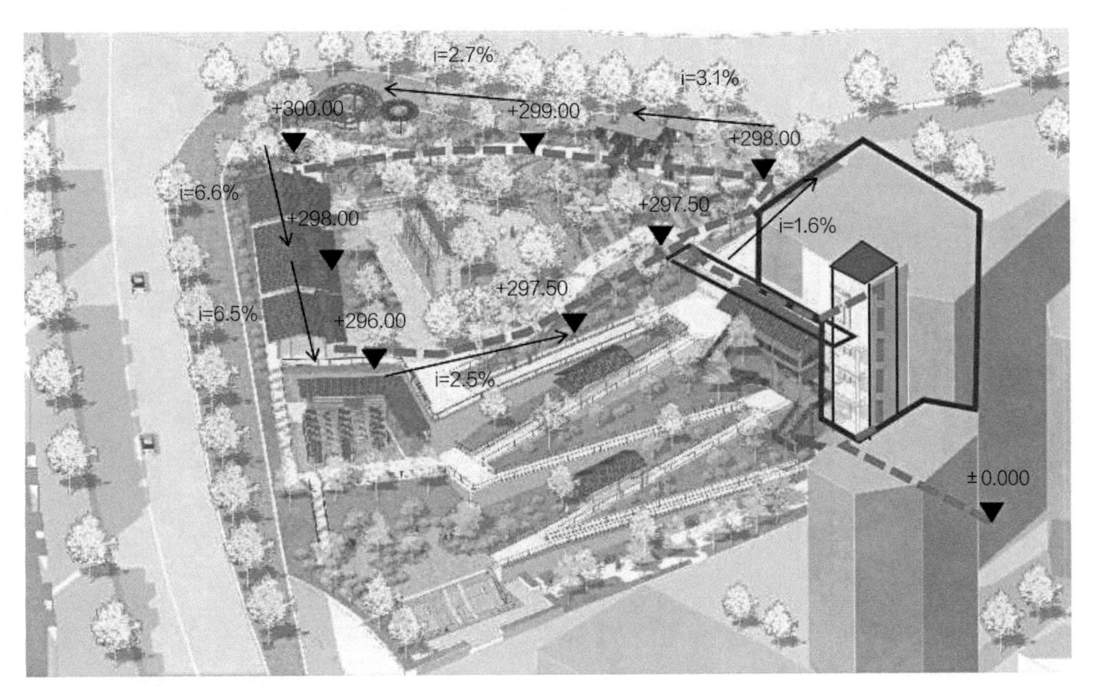

图3-2-28　轮椅流线示意图
（来源：情景式康复设计课题组）

2. 普通老年人流线

低区到中区高差12m，在考虑正常老年人的流线时，通过五段较长的放坡共计195m，来保证整个场地的坡度比始终小于1：12，低区到中区的坡度保持在6%～6.9%，并设置可以借力的双层扶手，满足老年人对健身步道的需求。（图3-2-29）

3. 快速通道

快速通道的设计主要针对体力较好的年轻人群，利用阶梯解决低区到中区的高差问题。该线路可选择通过阶梯直接由人行道离开场地，也可选择抵达社交活动区进行活动。（图3-2-30）

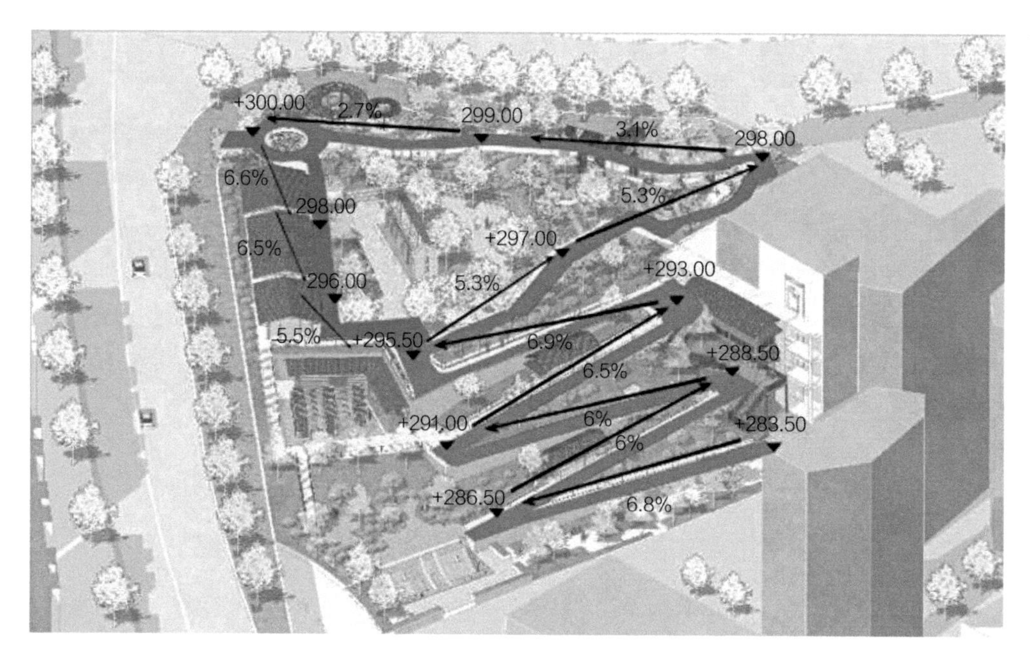

图3-2-29　普通老年人流线示意图
（来源：情景式康复设计课题组）

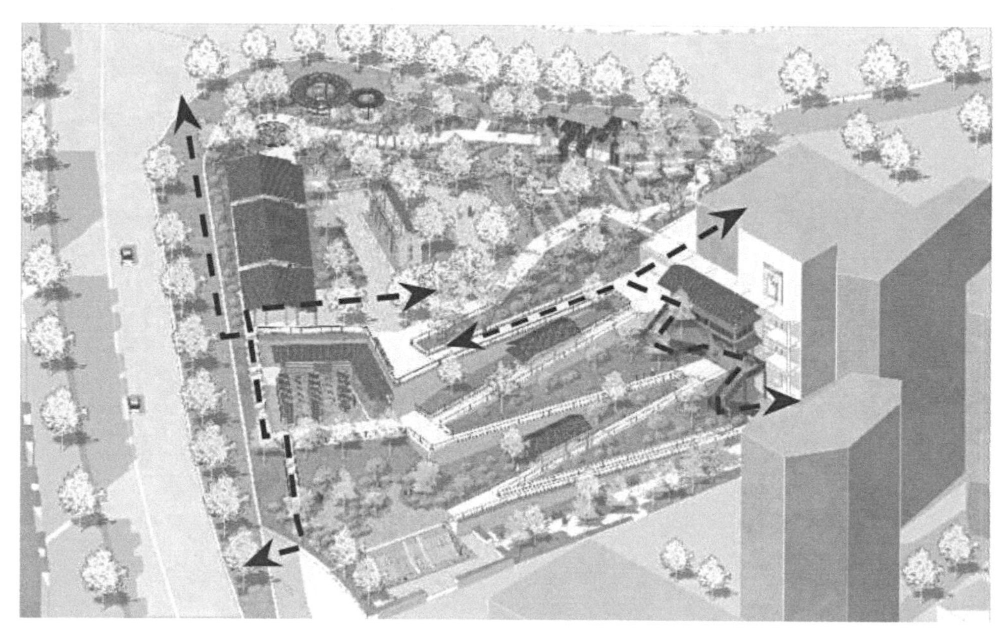
图3-2-30　快速通道示意图
（来源：情景式康复设计课题组）

（四）场地尺度及安全设计

1. 道路尺度及安全

场地内高区主道路宽度由1200mm扩大至2800mm，可满足三辆轮椅并行尺度，安全性上采用低反射透水防滑砖，使视觉有障碍的人群能更好地观察路况。场地内低区道路宽度由1000mm扩大至

2500mm，满足双轮椅及单人并行尺度。安全性上采用低反射透水防滑砖，使视觉有障碍的人群能更好地观察路况。（图3-2-31）

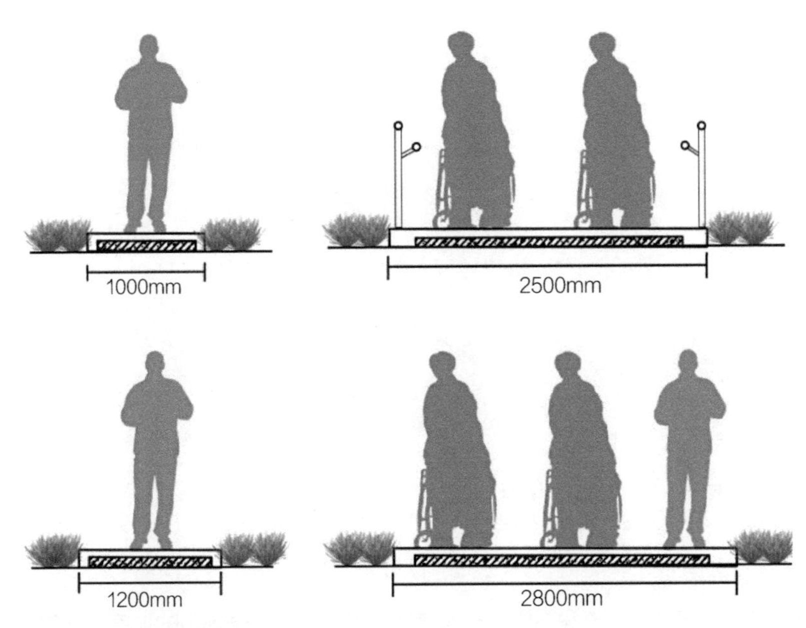

图3-2-31　道路宽度对比
（来源：情景式康复设计课题组）

2. 扶手尺度及安全

场地内超过6%的坡度处均设置900mm和600mm双层扶手，安全方面外侧设计防坠网，规避儿童跌落的风险。（图3-2-32）

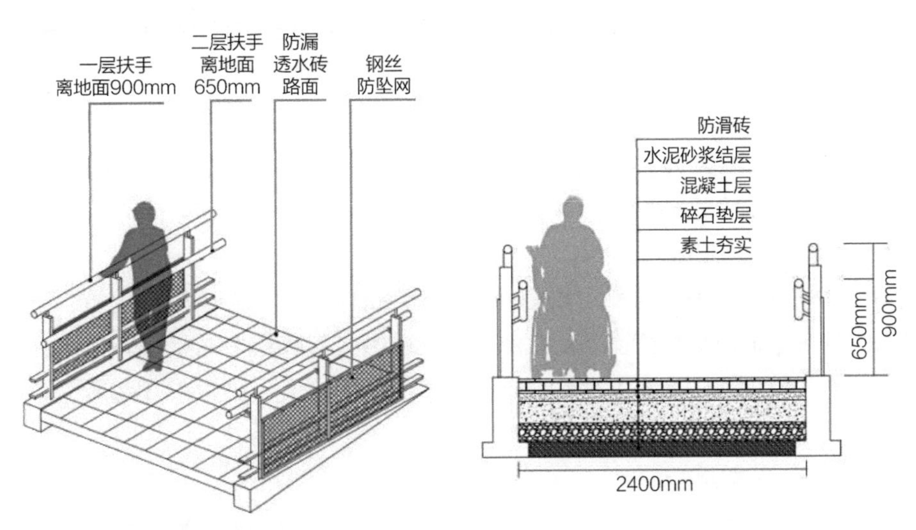

图3-2-32　扶手尺度及安全示意图
（来源：情景式康复设计课题组）

3. 阶梯尺度及安全

场地阶梯高100mm、宽300mm，最小阶梯步数大于3步，安全方面阶梯踏步面与立面进行颜色区分，每阶边缘处使用较为醒目的防滑条以防止摔倒。(图3-2-33)

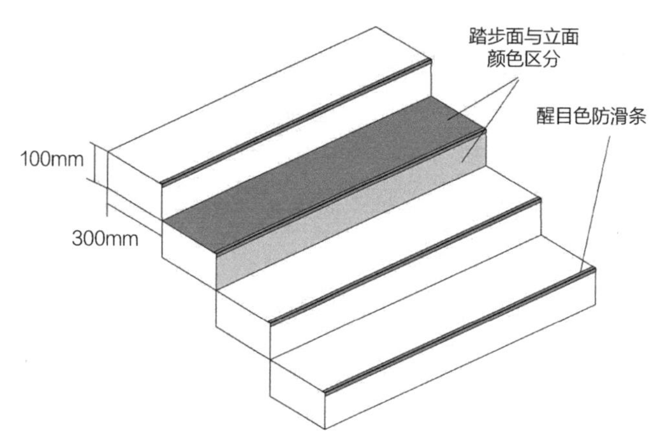

图3-2-33 阶梯安全示意图
(来源：情景式康复设计课题组)

场地高差为17m，场地内主流线道路通过连续的放坡来保证整个场地的坡度比始终小于1：12，并且在场地下半段坡度相对较陡时设置双层扶手，地面选择低反射的防滑材料，满足场地内老人和轮椅使用群体的通行需要。侧面的防坠网设计规避了儿童跌落的风险。较陡的下半区休息转换平台共计6个，最小尺寸为3.2m×4m，最大尺寸为9m×7m，均满足轮椅使用者进行休息停留。

(五)主要节点详解

1. 嗅觉体验——芳香盒子

植物的芳香经过人的鼻腔时与嗅觉细胞接触后，通过呼吸作用于相关的内脏器官，再作用于全身，缓解改善人体状态，而且植物的芳香能够不通过大脑皮层，直接作用于中枢神经系统，有益于人体的生理机制调节，从而改善气血平衡、改善人体机能。芳香盒子周围栽种黄杨等灌木形成围合空间，利于香气的聚集。场地内设计700mm和1200mm两种不同高度的闻香桌和盒子，满足残障群体和正常老年人的使用。植物方面选择薄荷、罗勒、百里香等芳香植物，芳香植物除了芳香功能，还兼具净化空气功能，对人群具有缓解压力和改善心情的作用。(图3-2-34)

2. 听觉体验——坐听风吟

听觉体验区以风铃和植物为元素，打造具有听觉感受的休闲空间，采用座椅与树箱结合的设计，形成遮阴良好的听觉林下休息空间。居民在林荫下的微风中感受风铃带来的听觉体验，放松身心。座椅材料上采用木材和石材，植物的选择上使用可以更好发声的植物，如梧桐、悬铃木、美人蕉等。(图3-2-35)

3. 视觉体验——花海秘境

花海秘境以视觉体验为主，采用彩色植物、起伏的地形和白沙石为主要元素，塑造色彩鲜艳的植物景观。心理学研究表明，鲜艳、明快的色彩对人的心理有一定的积极作用，因此选择色彩丰富的植物配

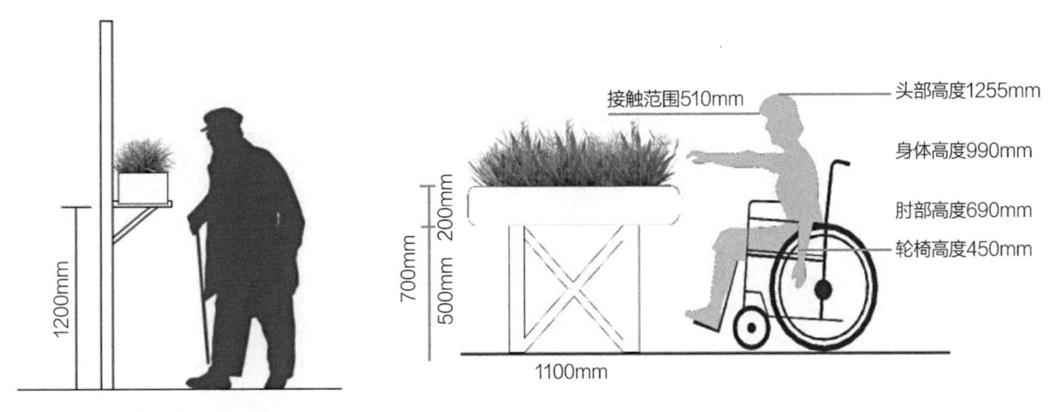

图3-2-34　两种盒子尺度示意图
（来源：情景式康复设计课题组）

图3-2-35　坐听风吟效果图
（来源：情景式康复设计课题组）

置，有利于人们的视觉审美和心理健康，从而达到舒缓压力身心愉快的目标。

4. 综合感官——嘉陵印象

该区以听觉、触觉和视觉综合塑造，造型灵感来源于重庆最具代表的河流——嘉陵江。设计将蜿蜒曲折的嘉陵江形态通过整理和简化，构成喷泉水池的外部轮廓。在喷泉使用过程中，通过水压控制高低，模拟重庆起伏变化的山地特征，形成颇具特色的喷泉形式，实现听觉、触觉和视觉的综合体验。

5. 文化氛围——黄桷树下

黄桷树根系发达，冠盖如伞，具有良好的遮阴效果，保留场地内有一定年份的两棵黄桷树，形成直径为9000mm和6000mm一大一小两个围合空间，作为居民休息放松的冥想空间。（图3-2-36）

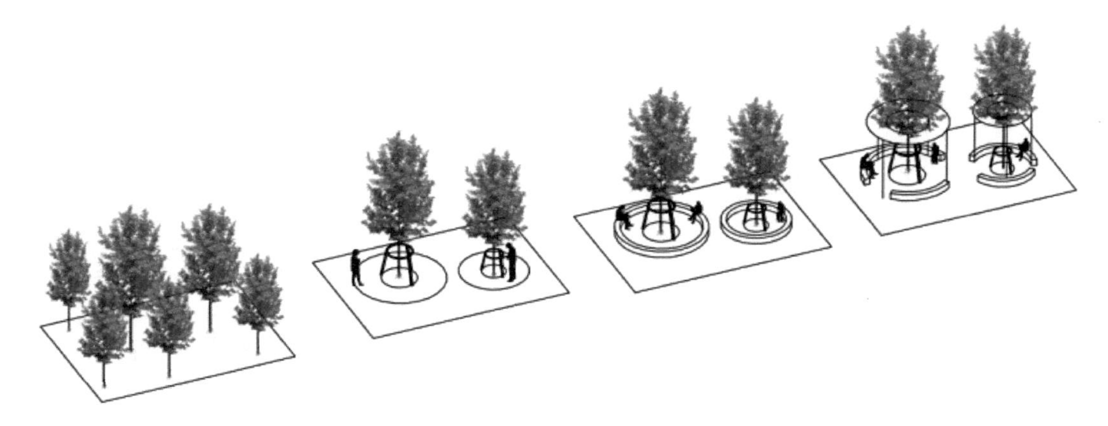

图3-2-36　黄桷树下空间生成图
（来源：情景式康复设计课题组）

6. 社交活动——街坊剧场

街坊剧场位于场地中心，是满足居民跳舞、唱歌等集体活动的开敞性场所，舞台面积为165m^2，可同时满足50人开展集体活动，舞台造型的设计灵感来自于20世纪苏联援建的铜元局厂房住宅，通过拆分和重构，保留了当时建筑的特征，营造出20世纪铜元局电厂街坊邻里之间的日常环境，让老年人在熟悉的环境中回忆青春，激发活力。四周花岗岩石凳宽450mm、高500mm，可以满足老人休息的需求（图3-2-37、图3-2-38）。

图3-2-37　街坊剧场效果图
（来源：情景式康复设计课题组）

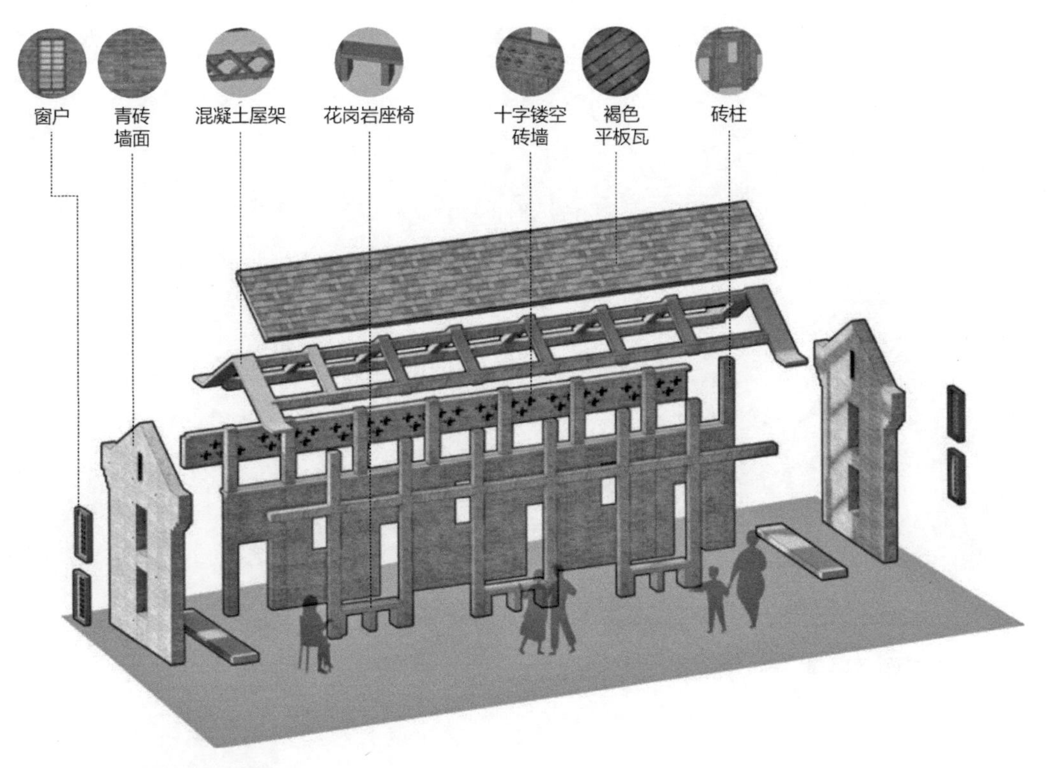

图3-2-38 街坊剧场分解图
（来源：情景式康复设计课题组）

7. 社交活动——山城茶馆

山城茶馆造型来源于重庆传统建筑样式，内部空间根据高度共分为三段，连接园艺区和感官区同时满足居民打牌、下棋等活动需求，给社区老年人创造了交流的空间。设计时同样考虑了无障碍通道，坡道共分为两段，宽2500mm，可保证两辆轮椅并排通行，坡度均为5%并设双层扶手。连廊内宽6.5m，柱间距3m，保障良好通透的视线，设计500mm高的矮墙为座椅，供老人随时休息。（图3-2-39～图3-2-41）

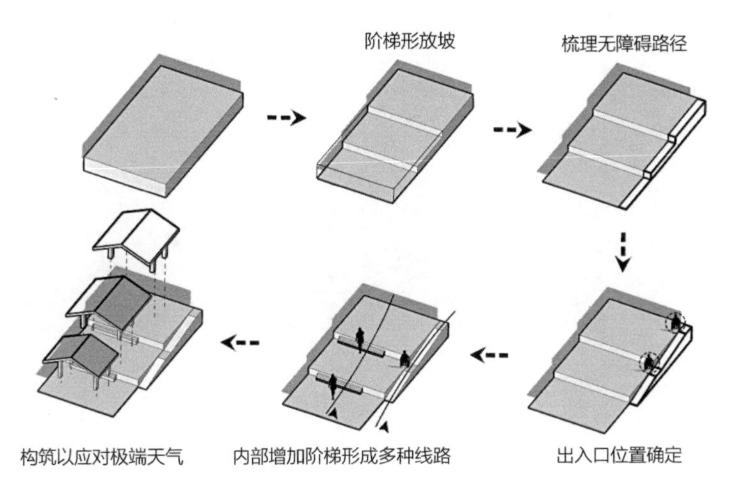

图3-2-39 山城茶馆地形梳理图
（来源：情景式康复设计课题组）

图3-2-40　山城茶馆效果图
（来源：情景式康复设计课题组）

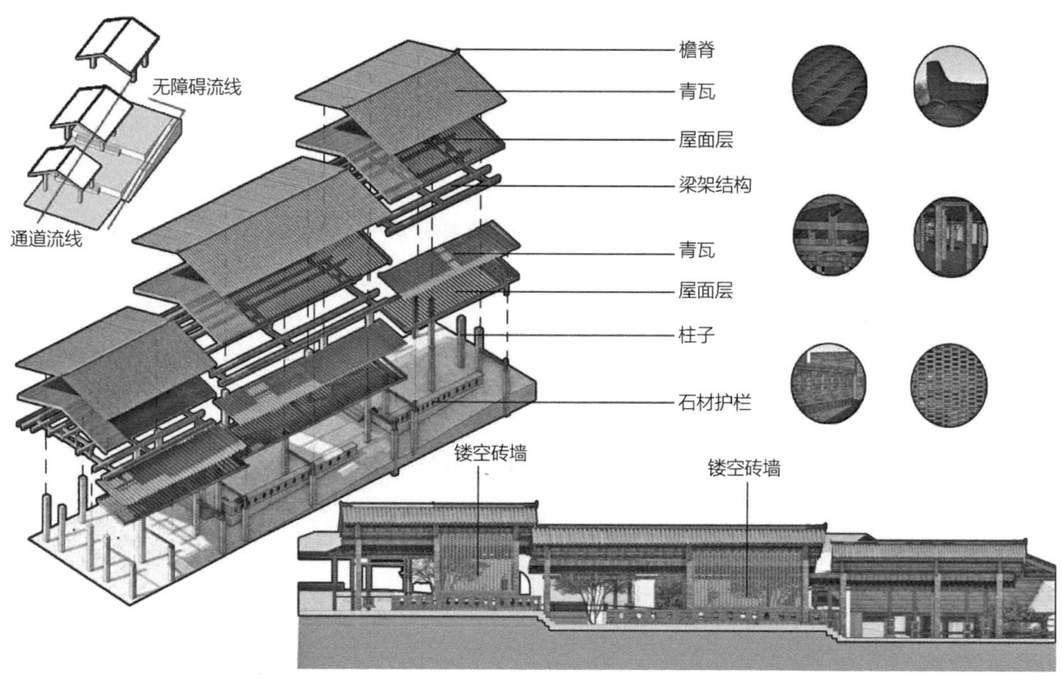

图3-2-41　山城茶馆分析图
（来源：情景式康复设计课题组）

8. 园艺体验——园艺坊

园艺坊提供园艺体验空间，在这里可通过社区组织和管理的方式，让老人参与学习园艺栽种技术，通过松土、播种、剪枝和收获等园艺行为，让老人获得成就感，实现园艺疗愈的目的。方案设计了600mm和900mm两种不同高度的花池和立体花架，其中架空育苗盘，轮椅老人也可以无障碍地参与其中，体现了对轮椅老人的关心。此外，育苗盘中用金属格将种植区域分割，让有视觉障碍的老人能更好地进行种植活动。(图3-2-42)

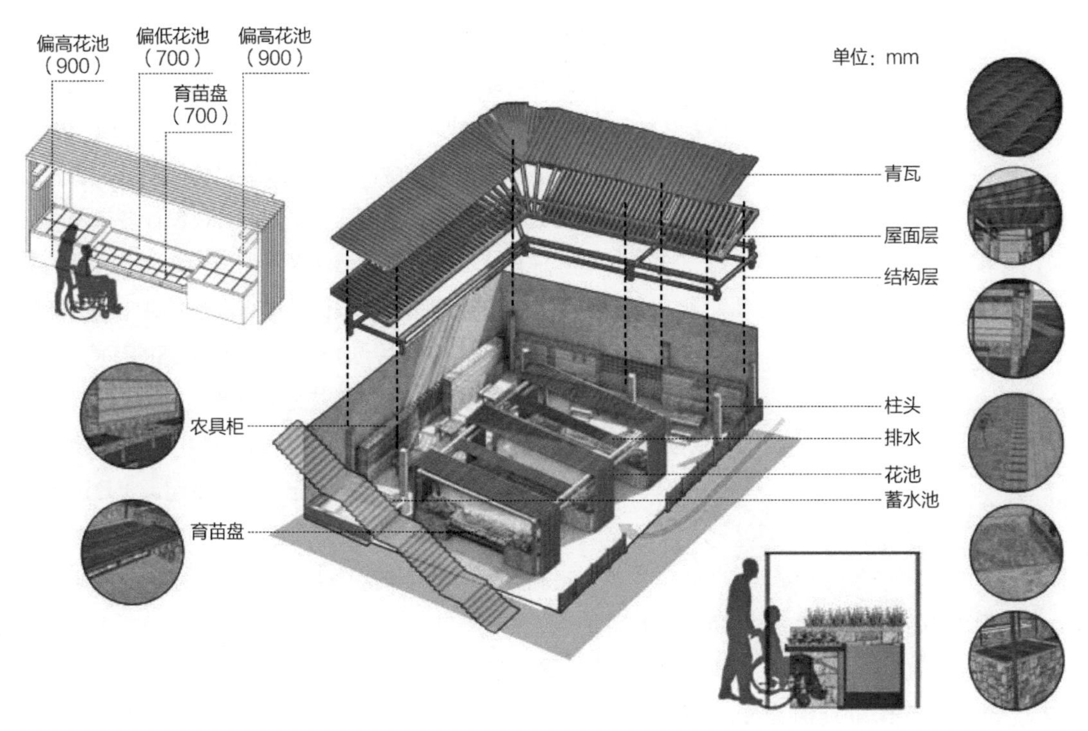

图3-2-42　园艺坊分解图
(来源：情景式康复设计课题组)

9. 运动康体——复健步道

运动步道设计风雨廊亭，设置座椅休息，满足老年人运动过程中可以随时休息的需求，亭廊的设计也提供了遮风避雨的空间。步道上每隔10m设置距离标识和鼓励标语，引导需要锻炼的人群增加运动量和建立成就感。双层扶手高度分别为900mm和650mm，可满足多样性的使用需求。(图3-2-43)

图3-2-43　复健步道效果图
(来源：情景式康复设计课题组)

第三节

康复设计导向对于城市公共空间的价值

康复设计导向是一种以人为本的设计理念，其目的是通过提供全面和个性化的康复内容，帮助人们恢复健康并提高他们的生活质量。城市公共空间是人们日常生活中不可或缺的一部分，它们不仅提供了休闲娱乐场所，也承载着人们的社交和文化活动。因此，在城市公共空间设计中融入康复导向理念，不仅能够提高城市公共空间的使用价值，还能够促进城市居民的身心健康。康复设计对于城市公共空间的价值，包括以下几个方面：

第一，康复设计导向可以促进城市居民的身心健康。城市生活节奏快，压力大，很多人都面临着心理健康问题。在城市公共空间中，人们可以通过休闲娱乐、文化活动等方式放松身心，缓解压力。因此，在设计城市公共空间时，注重人体工程学和运动医学的应用，通过合理的空间布局、设施设置和景观设计，提高城市公共空间的健康价值，为城市居民提供更加舒适、安全、健康的环境。

第二，康复设计导向可以提高城市公共空间的可用性和可达性。城市公共空间应该是一个开放、包容、便利的场所，让所有人都能够自由进出、自由使用。康复设计导向注重无障碍设计和通达性的提升，通过合理的交通组织、设施设置和信息传达，使得城市公共空间更加易于到达和使用，提高了城市公共空间的可用性和可达性。

第三，康复设计导向可以增加城市居民的参与感和归属感。城市公共空间是城市居民进行社交互动和文化传承的重要场所。康复设计导向注重社区参与和文化传承的融合，通过与社区居民的沟通和协作，将城市公共空间打造成为一个具有地域特色和文化内涵的场所，增加了城市居民对于城市公共空间的认同感和归属感。

总之，康复设计导向对于城市公共空间设计具有重要的价值。通过融入康复导向理念，可以提高城市公共空间的使用价值，为居民提供更好的康复服务，促进身体健康、心理健康和社交交流。因此，在城市公共空间设计中应该充分考虑康复设计导向的应用，为城市居民打造一个更加健康、便利、舒适、文化的生活环境。

04

第四章

友好型城市老旧社区微更新康复设计

第一节
研究背景

社区是城市结构与人们日常生活的基本组织单元，为人们提供了日常生活中交往、娱乐等活动所需的场所，有着浓厚的生活气息，也最真实地反映了城市的特质，是一种传递悠久历史文化、展现城市面貌的重要载体。在城市更新和老旧社区共同发展的背景下，政府和民众的关注焦点由经济建设领域逐步转向社会生活领域。党的“十九大”报告明确指出，要把人民对“美好生活”的需求放在新时代社会主义建设的核心位置，老旧社区公共空间的优化和提升直接影响到社会治理和公共服务体系的水平。

一、概述

（一）友好型设计

友好型城市是指建立在人性化、可持续发展和公共参与的基础上，以提高城市居民生活质量为目标的城市发展模式。友好型是指在城市老旧社区微更新康复设计中，注重人性化、环保、可持续发展等方面，为老旧社区居民创造一个舒适、安全、便利的居住环境。这一概念的提出，旨在推动城市老旧社区的可持续发展和人居环境的改善。

友好型设计体现在注重人性化、注重环保化和注重可持续发展三个方面。友好型设计以人为本，考虑老年人、残障人士等特殊群体的需求，在社区公共区域设置无障碍通道、坡道、扶手等设施，方便行动不便的居民出行。注重环保和可持续发展，采用绿色材料和节能技术，减少对环境的影响。友好型设计在城市老旧社区微更新康复设计中，注重社区的可持续发展，加入商业设施、文化设施、公共广场、运动场、防晒设施等，为居民提供便利的生活服务和文化娱乐活动。通过这一理念的应用，可以创造一个舒适、安全、便利的居住环境，促进城市老旧社区的可持续发展和人居环境的改善。

（二）老旧社区微更新

老旧社区是指建成时间较长、建筑年代较久远、基础设施老化、环境污染等问题较为突出的城市社区。在城市化进程中，这些问题给居民的生活带来了不便和困扰。

微更新是指在不改变原有建筑结构的情况下，通过改善环境、更新设施、提高管理水平等手段，使老旧社区焕发新生的一种城市更新方式。老旧社区的微更新是指在保持原有历史文化特色的基础上，对社区进行局部改造和提升。微更新的目的是提高老旧社区的生活质量，改善居住环境，提升居民的幸福感。微更新不同于大规模拆迁重建，它更注重保留老旧社区的历史文化价值，通过局部改造和提升，让老旧社区焕发新的生机和活力。微更新是一种低成本、低干扰、高效率的城市更新方式，可以在不改变原有建筑结构和居民生活方式的情况下，提高老旧社区的环境质量和居住舒适度，促进社区的可持续发展。

（三）微更新和康复设计

康复设计是指通过设计手段，改善老旧社区中存在的身体障碍和功能障碍，提高老年人和残障人士的生活质量。康复设计不仅是简单地为老年人和残障人士提供便利设施，更重要的是通过设计手段，让他们能够更好地融入社区生活。

老旧社区的微更新和康复设计是友好型城市建设中的重要内容。友好型城市建设是指通过城市规划和设计，创造一个人与人、人与自然、人与社会和谐相处的城市环境。老旧社区的微更新和康复设计，是友好型城市建设中实现社会公平、促进社会和谐的重要举措。老旧社区的微更新和康复设计需要注重环境治理，改善老旧社区的环境质量，提高居民的生活品质。同时，还需要加强社区服务建设，提供更加便捷、高效的社区服务，让老年人和残障人士能够更好地融入社区生活。

友好型城市老旧社区微更新康复设计的研究目的是为了提高老旧社区居民的生活质量，促进城市可持续发展。具体而言，研究内容包括：老旧社区的现状与问题分析、微更新的实施策略与效果评估、康复设计在老旧社区微更新中的应用等。通过研究，可以为城市更新提供科学依据和实践经验，推动友好型城市建设和老旧社区改造。

二、研究的必要性

友好型城市是当前城市发展的重要方向之一，而老旧社区的微更新康复设计也是实现友好型城市建设的重要手段之一。老旧社区作为城市的重要组成部分，其面临的问题也比较突出。一方面，老旧社区的建筑物老化严重，存在安全隐患；另一方面，老旧社区的基础设施落后，缺乏现代化的配套服务。这些问题不仅影响了老旧社区居民的居住体验，也制约了城市发展的步伐。

对于老旧社区的微更新康复设计，研究其必要性显得尤为重要。首先，老旧社区的微更新康复设计可以提高居民的生活质量。通过更新和改造，可以改善老旧社区的居住环境，提高居住品质。其次，老旧社区的微更新康复设计可以促进城市的可持续发展。通过更新和改造，可以提高老旧社区的环境质量和生态效益，促进城市的可持续发展。最后，老旧社区的微更新康复设计可以保护城市的历史文化遗产。老旧社区是城市历史文化的重要组成部分，通过微更新康复设计，可以保护和传承城市的历史文化遗产。

总之，老旧社区微更新康复设计是实现友好型城市建设的重要手段之一，其研究具有重要意义。在进行老旧社区微更新康复设计时，需要充分考虑历史文化特色、居民需求和意愿以及可持续发展等因素，以实现老旧社区的可持续发展和城市的可持续发展。

第二节

老旧社区公共空间微更新的意义

在我国现阶段的城市化发展中，“微更新”的推进方式对于城市发展无疑是最友好的模式。微更新是基于人的需求，以使用者的体验角度去发现问题，从建设者的宏观视野来解决问题，因此微更新是一种自下而上的设计策略。老旧社区微更新设计重视使用者的体验感受，鼓励创造富有人情味的，满足多元需求的社区环境，不仅仅针对单一改造，更是需要多元化的更新。

友好型老旧社区微更新设计，体现在采用全局视野分析，通过微小的调整，在不破坏社区整体结构的前提下，提升空间的通达性、实用性和价值性。利用场地内的现有资源，采取多元的手段，整合社区内的历史与人文环境，推动老旧社区的整体发展与更新。

微更新可以提升老旧社区公共空间的品质，通过在设施、环境、安全等方面进行微更新，可以让老旧社区的公共空间焕发出新的生机和活力。这不仅可以提高居民的生活质量，还可以吸引更多的人前来参观和游览，从而促进老旧社区的发展。随着时代的变迁，人们对公共空间的需求也在不断发生变化，通过微更新可以逐步改善公共空间的功能和设施，从而更好地满足居民需求。老旧社区的公共空间不仅会影响居民的生活质量，还会影响整个社区的形象和发展。通过微更新可以让老旧社区的公共空间变得更加美好和宜居，从而吸引更多的人前来居住和投资，促进老旧社区的可持续发展。

城市空间布局和肌理蕴含着丰富的历史和记忆信息，老旧街区的更新是以城市长期形成的历史基因为基础，包括场所和人群各自留存的不同文化特征和生活习惯。对社区微更新来说，街巷文化不仅是指历史遗存或者传统符号，更重要的是世世代代普通人在当地环境中留存的传统习惯和生活方式的印记。随着时间的推移，逐渐转换成为社区原真性的人文环境，也就是老百姓常常提到的“烟火气”。因此，厘清老旧社区的主要问题，尊重在历史演进过程中诞生并存续下来的各种有形的遗产和无形的资源，保护文化特性的延续和发展，是老旧社区微更新最具价值的友好性意义。综上所述，老旧社区公共空间微更新是一种非常有意义和必要的行为。通过微更新，可以提升公共空间的品质、满足居民的需求、提高安全性和促进可持续发展，从而让老旧社区焕发出新的生机和活力。

第三节

城市老旧街区微更新设计的实施路径

如今的城市老旧社区中往往混杂着各种各样的空间功能，通常以通行、居住、日常活动、小型商业为主，总的来说存在着以下问题：第一，人车矛盾较为突出，混杂的空间功能会导致交通拥堵。人车混行、车辆占据人行空间和公共活动空间时有发生，在这些老旧社区中，道路往往比较狭窄，而且车辆、行人、自行车等各种交通工具都需要共用这些道路。如果道路两旁还摆放着各种商铺、摊点等，则更容易造成交通拥堵；第二，混杂的空间功能也会导致居住环境差。住宅楼底层及空置地块上常有居民或底层商铺私自搭建遮阳棚或乱放桌椅等，占用公共空间带来使用上的便利，空间整体面貌混乱。在这些老旧社区中，居民的住宅往往与商铺、摊点等混杂在一起，噪声、污染等问题也难以避免。此外，由于居住环境差，这些老旧社区中的居民也容易出现社会问题，如治安不稳等；第三，混杂的空间功能也会影响城市形象。这些老旧社区中的商铺、摊点等往往没有统一的规划和管理，造成了城市形象的混乱和不协调，仅有的公共设施，也因年久失修或维护不善，导致居民无法使用，造成交往活动稀少等情况，这也会影响到城市的整体形象和吸引力。

以上是大部分老旧社区的普遍问题，梳理这些问题能够发现居民的真实需求，如果一味地将问题抹去是不合适的。大量的拆建将造成空间形态的改变，也会导致城市记忆的丧失，带来街区认同感和方向感的丧失。拆除后的重建虽然可以再现原始布局，但却缺乏原真性，不具有历史和记忆价值。因此，老旧社区微更新包括以下三种路径：第一，修缮与提升，对于社区内群体合理的功能需求，可进行适度的修缮与提升，对老旧社区中的空间功能进行分类和规划，使不同的功能之间有明确的界限和分隔；第二，剔除或优化，对于影响社区发展的公共空间侵占，或不再具有任何价值的部分将其剔除或优化，加强对商铺、摊点等的管理，剔除不会对居民生活造成太大的影响的设施；第三，新增或置换，因地制宜地加入或置换新的功能空间，丰富社区生活内容、提升人们的生活品质，改变社区公共空间功能单一或凌乱的现状，加强对老旧社区的改造和升级，提升居住环境和城市形象。

城市老旧社区中的空间功能混杂问题是一个复杂的问题，需要综合考虑各种因素，采取合理的措施进行解决。只有这样，才能让城市老旧社区更好地适应现代化城市发展的需要。因此，城市老旧街区可以采用点状渗透、线形串联、网格化更新模式，以微更新的手法逐步实现城市老旧街区更新的目标。

一、点状渗透

城市老旧街区的友好性设计体现在从功能问题入手，以点状形式展开改造，将节点有机联系在相互关联的路径中，通过梳理、交织、叠加等手法进行空间组织，形成具有活力的整体脉络。实现从点状渗透，到线形串联，再到网状提升的更新过程。

（一）契合上位规划

城市老旧社区微更新目的是提升老旧街区的活力，链接新城区与老城区，使二者能够相互协调，共同构成城市持续发展的动力来源。针对老旧社区的微更新设计，应符合城市宏观的发展规划，充分遵循上位建设目标的条件，在老旧社区选择有代表性的节点进行更新与渗透，承载社区的功能并加强不同区域之间的衔接，以多处微更新节点带动区域提升，实现城市面貌的整体发展。

（二）点状渗透提升

老旧社区中与日常生活息息相关的各类商铺的经营者，对于公共空间有着稳定且强烈的使用需求，同时他们的经营行为对于社区公共空间的整体面貌也有着重要的影响。建筑底层商铺的私自搭建和占用行为，最直观地反映了他们对于公共空间的使用需求，但各自为政的乱搭乱建，对于老旧社区整体面貌和文化氛围，造成了严重的影响。针对这一问题，可以充分厘清各微观使用主体的真实需求，采用友好的方式整合街道底层界面，形成和谐而又具有个性的店铺界面。

点状微更新的具体手法可以落实到社区公共空间单个店铺界面的微更新设计上，在区域内的店铺不必统一成同样的风格和样式，加入地域特色和店铺个性，让老旧店铺成为社区里的金字招牌和诚信老店，延续街巷的市井味和烟火气。如深圳南头古城南北街建筑风貌改造项目，对于如今的老旧社区商业界面改造有一定的借鉴价值。该案例从尊重历史原真性出发，对建筑风貌重新梳理，在表达上强调新旧材料、元素的对话，通过控制现代材料的选择和应用比例，营造历史街区氛围，使得街区整体风貌不仅营造了历史文化风韵，还适度保留了城中村鲜活多样的历史记忆，同时带来面向未来的独特体验，该案例展示了老旧社区点状更新的可操作手法。（图4-3-1）

图4-3-1　南头古城部分商业立面改造前后对比
（来源：谷德设计网）

随着城市化进程的推进，老旧社区的改造已成为城市更新的重要任务之一。在老旧社区中，采用点状渗透提升已成为一种有效的改造策略。首先，点状渗透提升需要通过对老旧社区的整体规划，确定改造的重点区域。这些区域通常是老旧社区中存在的问题比较突出、改造难度较大的区域，如交通拥堵、环境污染等。通过对这些区域进行有针对性的改造，可以有效提升老旧社区的整体品质。其次，点状渗透提升需要采用多种手段进行改造。其中，最常见的手段包括绿化、景观改造、交通优化等。通过将这些手段有机地结合起来，可以实现老旧社区的全面改造。点状渗透提升设计中需要保留老旧社区的历史文化和特色，采用环保、节能的手段进行改造，确保改造后的老旧社区能够长期稳定地运行。通过有针对性的改造和多种手段的有机结合，实现老旧社区的全面提升。最后，在实施过程中，注重历史文化和居民参与，以确保改造的效果和长期的稳定性。

二、线形串联

在进行老旧社区微更新的空间设计时，可以透过现状中各类人群对空间使用的方式发现他们的真实需求，从而将场地中使用效率不高的公共空间进行整合和调整，满足居民的日常生活需求，为社区带来活力。公共空间的环境品质得到提升，将促进人们积极参与社区活动。提升社区公共空间活力的线性串联措施主要包括两个部分：第一，主动满足，结合使用群体的日常生活，布置针对老百姓日常生活必要性功能空间；第二，被动吸引，布局各种交往类型的选择性功能空间，引导交往行为更频繁地发生。

（一）必要性功能空间满足居民日常需求

社区是生活的场所，居民对社区公共空间的必要性使用需求以日常休闲、锻炼身体和交往为主。目前对于公共空间需求较多的群体，年龄结构层次呈现出“沙漏形”特征，即以中老年群体和学龄前儿童群体居多，因此配置适合这两大年龄层次活动的设施设备，有一定的必要性。以不同年龄结构群体的社会交往需求，设置老年群体和幼年群体的相互陪伴的多样性空间，将满足社区居民的日常需求。

老旧社区里居民比较典型的必要性需求是学生上学和放学沿路的安全和舒适问题。上学时间段内，学生及接送家长在学校附近的街道中形成大量人流，在学校附近的社区公共空间到处停留着等候的家长和玩耍的孩子。因此，设置中小学生通道及家长接送等候空间，并赋予一定的活动主题，提升沿路上下学路径的安全性和提高等待的家长们的舒适性，能够为城市居民的生活带来便利，提升幸福感，促进社会和谐。以下两个案例从多功能公交车站和社区内闲置空间利用方面出发，对于研究必要性功能空间的策略有一定借鉴性。

多功能公交车站：新竹交通大学公交车站设计是将社区内的公共车站作为等车和休闲为一体的案例。公交车是该校大多数学生由外地进入校园的交通方式，使用率高且具有求学之路的象征意义，是历届学子记忆中的独特风景。公交车站基地位处南大门停车场内，紧邻篮球场、网球场汇集的区域，有1.2m的高差。案例中综合考虑各项需求与场地特质，以地景性思维作为设计主轴，串联起不同的高程，也有效削弱了北风对于候车人的吹袭。由于基地周围有许多运动场地，亦不定时举办活动，该公交车站前端为候车功能，而遮阳顶棚通过倾斜高差的设计，成为观看体育活动的观众台，增添了与周围活动对话的机会，创造了多样性功能，为不同的群体在不同的时段，提供了多功能的活动机会。（图4-3-2）

社区内闲置空间利用：接送孩子的群体以全职妈妈或长辈群体为主，可以利用社区中闲置空地，为他们提供交流空间，通过接送孩子的过程认识和结交朋友，实现社交的需求。例如，成都玉林东路社区的“巷子里”就展现出了对于不同群体的高度包容。该项目鼓励每个人进入公共空间参与交往。在小体量的构筑物中设计了包括室外活动空间、灰空间和室内活动空间在内的多样空间，具有围合、开放、自由的特点，成为社区中重要的居民交往场所。（图4-3-3）

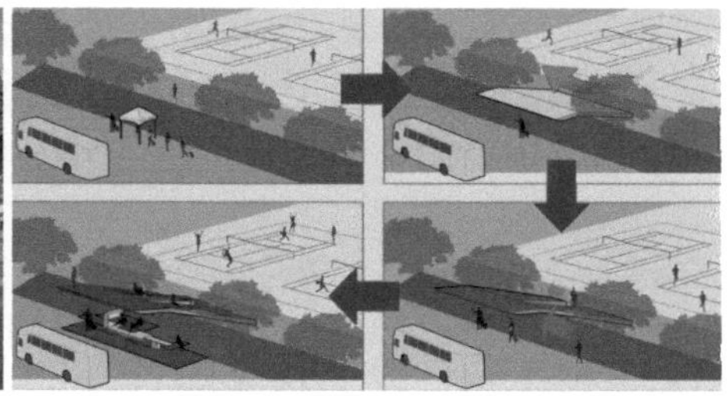

图4-3-2 新竹交通大学候车亭
（来源：谷德设计网）

图4-3-3 巷子里
（来源：谷德设计网）

（二）选择性功能空间引导居民的社交活动

居民楼下常常有楼栋围合的公共庭院，大多数的使用功能是过路的通道和路旁的绿化，居民的交往一般也是仅限于见面时的点头或微笑，缺乏社交的机会和场地。上海市虹口区长阳路138弄里中有一处面积380m^{2}的闲置公共空间，经过微改造形成居民生活交往的公共空间。该案例从整合居民日常生活需求入手，加入选择性功能空间，创造可供居民晾晒棉被、参与植栽等功能空间，设置“白云”装置链接居民多样性需求，实现遮阳、聚会、聊天、休息、玩耍和晾衣的功能，引导居民参与里弄中新的社交活动，让老旧社区重现生机。（图4-3-4）

（三）必要性和选择性功能空间设计的价值和意义

采用线形串联方式将居民活动分为必要性功能空间和选择性功能空间两种方式进行设计，是一种非常实用的设计思路。必要性功能空间的设计可以满足居民日常生活的基本需求，这些空间的设计应该注重实用性和舒适性，以便于让居民在日常生活中感到便利和舒适。选择性功能空间的设计可以引导居民进行社交活动，这些空间的设计应该注重参与性和互动性，以便让居民能够在这些空间中进行交流和互动。此外，这些空间的设计还应该考虑到不同年龄层次居民的需求，以便让他们能够在这些空间中找到自己的兴趣点和社交群体。线形串联方式的设计可以提高社区的整体品质，让社区的不同功能空间有机地串联起来，形成一个完整的空间系统，提高社区的整体品质和居民的生活质量。

老旧社区微更新的空间设计中采用线形串联方式，将居民活动分为必要性功能空间和选择性功能空间进行设计，是一种非常实用和切实可行的设计思路。这种设计方式的价值体现在满足居民日常生活需求、引导居民进行社交活动以及提高社区整体品质等方面。

图4-3-4 白云庭院
（来源：谷德设计网）

三、网格化模式更新

社区作为旧城日常生活中重要的组成部分，是城市发展水平的衡量尺和度量计，影响城市系统的平衡与发展。“以小见美”和“有机拼贴”的城市才有活力，老旧社区内部的微更新是以小规模的干预介入改造，友好地尊重并顺应城市肌理的连续性和完整性，以点带线实现网格化的模式更新。根据居民的实际需求，在尊重原有社区尺度和肌理的情况下，发挥小规模公共空间的优越性，改善环境质量，提升城市价值。通过有机利用老旧社区的既有资源，以多元化的手段整合片区内的物质及人文环境，以点带面推动城市的整体发展与更新。

老旧社区内部的微更新是一种全方位的改造方式，从建筑外立面、街道景观、公共设施、居民生活等多个方面入手，逐步打造一个更加宜居、宜业、宜游的城市空间。微更新是一个持续性的过程，需要持续不断地对老旧社区进行维护和改进，以保证城市空间的连续性和完整性。在微更新的过程中，点、线、面之间相互关联，构成了一个完整的城市空间系统。点是城市空间的最小单元，包括建筑物、公共设施、绿化等。线是连接点之间的纽带，包括街道、步行道、自行车道等。面是由点和线所构成的空间单元，包括广场、公园、院落等。在微更新的过程中，点、线、面之间的关系需要得到充分的考虑和协调，以确保城市空间的整体性和连贯性。同时，在微更新的过程中，需要注重城市空间的功能性和美观性，功能性指城市空间的使用价值和效益，包括交通、商业、居住、休闲等方面，美观性指城市空间的视觉享受和审美价值，包括建筑外观、景观设计、艺术装置等方面。微更新需要在功能性和美观性之间取得平衡，以满足城市居民的不同需求和期望。

总之，老旧社区内部的微更新是一种以小规模的干预介入改造的方式，旨在友好地尊重并顺应城市肌理的连续性和完整性，以点带线实现网格化的模式更新。在微更新的过程中，点、线、面之间相互关联，构成了一个完整的城市空间系统。微更新需要注重城市空间的功能性和美观性之间的平衡，以满足城市居民的不同需求和期望。

第四节

重庆南岸区老城社区公共空间微更新实践探索

2021年8月重庆市南岸区根据《关于加快推动城市更新品质提升民生改善安全保障重点工作的意见》，对全区22个老旧社区提出更新要求，按照从大处着眼、小处着手的原则，以群众关注的小问题、小细节为切入口，满足人民群众的获得感、幸福感和安全感。南岸区是重庆中心城区之一，拥有南坪、江南新城两个城市副中心，地处长江、嘉陵江交汇处，西部、北部临长江，与九龙坡区、渝中区、江北区隔江相望，东部、南部与巴南区接壤。设计团队从自然资源、民间文化、历史记忆和人文景观四个方面进行设计梳理，提出以艺术介入为导向，由点及面渐进式激活，促进友好型老旧社区更新。

一、由点及面，网格化模式提升

根据每个社区的特点，以点带线形成了五条线索，构成网格化模式：

第一，开埠抗战游线，串联六个具有历史记忆的社区点。在人群需求上，该区域原住民居多，他们了解当地的历史和文化，有摆龙门阵和追求美好生活的需求；在文化叙事上，以南岸深厚的开埠文化、码头文化和陪都文化为承载，在便民基础上打造居民有归属、游人留故事的纪念性历史文化节点，社区的历史和居民的生活，成为游客可参与的活动。

第二，艺术活动展线，激活10个充满艺术气息的社区点。社区艺术活动展线的主要设计策略是通过艺术介入社区公共区域，在有限的场地中打造出创意十足、空间层次丰富多样的体验性场所，营造南岸区独树一帜的艺术气息。在人群需求上，周围靠近大学，大学生群体对艺术体验具有浓厚兴趣；在文化叙事上，该展线围绕南岸社区艺术介入，打造具有重庆特色的旅游目的地，完善城市活动空间，为居民提供多样性艺术、休闲、娱乐的城市客厅。

第三，体育活动流线，连接六个运动主题社区点。重庆市南岸区已经连续举办多次马拉松赛事，该流线充分利用马拉松赛事的影响力打造区域名片，在运动为主题的基础上，完善城市活动空间，让“体育运动+儿童乐园”成为一种新型休闲生活方式。

第四，美食探索吃线，七个美食社区让吃货们流连忘返。美食探索不仅仅关注于食物，更希望通过美食“探秘”打开城市边界，让社区成为开放的、可进入的公共空间，进一步探索城市、社区和人之间的关系。

第五，历史故事游线，八个老旧社区讲述着昨天的故事。历史故事游线以南岸区历史遗址为主要线索，通过串联历史节点来探索社区与历史间的关系，形成古与今的对话，通过微更新使街道呈现厚重的历史气息。

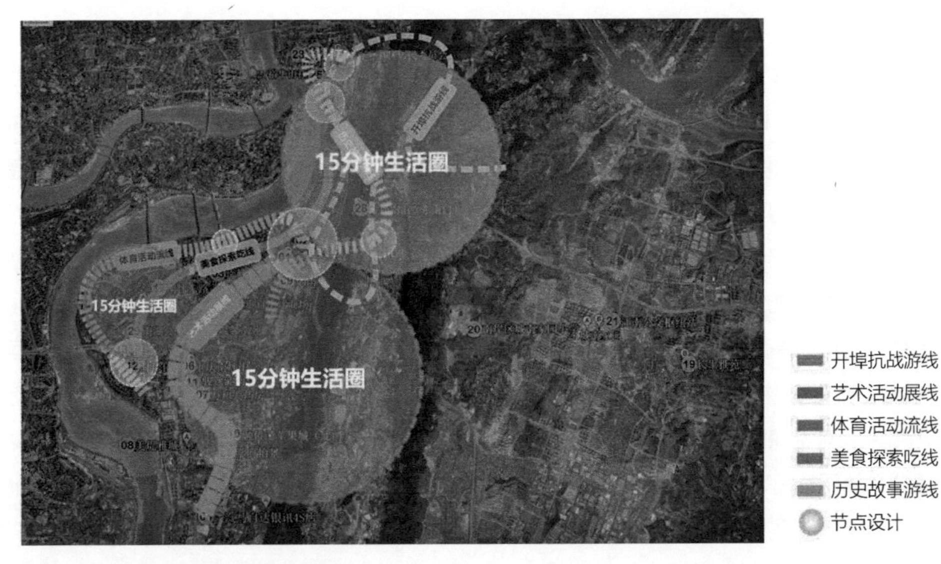

图4-4-1　由点连线的社区微更新路径
（来源：南岸区老旧社区微更新设计项目组）

以重庆南岸区老旧社区为节点，连接成特色的游线、展线和吃线，形成三个“15分钟生活圈”，以微更新的方式构建网格化的大社区模式。（图4-4-1）

二、重建社区记忆场景

社区微更新来源于真实的历史场景，承载在旧时的建筑和老物件凝聚成的交往空间中，演绎街头巷尾、家长里短、坊市烟火的不同故事情节，以内在张力提升空间沉浸感。以居民走街串巷的日常行为习惯为依据，规划叙事空间的体验动线，例如以历史故事线中南岸金香庭社区点为例，保留场地中原有的“猪肉铺”功能，更新店铺界面。采用市井主题线索，塑造承载着人情温度的开放型社区空间。围绕“猪肉铺”布局居民社交场所，使它成为动态故事盒，居民在这里参与社交，摆龙门阵、讨论菜价、下棋、看报等日常生活行为的发生，不断提升着社区的归属感和幸福度（图4-4-2）。

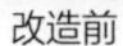
改造前

改造后

图4-4-2　承载着人情温度的社区“猪肉铺”店铺界面更新设计
（来源：南岸区老旧社区微更新设计项目组）

老旧社区是城市发展的历史见证，也是城市文化的重要载体，随着城市化的不断推进，老旧社区的更新改造已经成为城市更新的重要任务之一。在微更新的空间设计中，要了解老旧社区的历史和文化背景，将场地中这些历史和文化元素融入到更新设计中。在设计公共空间时，可以将老旧社区的传统建筑风格、民俗文化等元素融入到设计中，以此来强化社区的文化底蕴。老旧社区的更新改造不仅仅是为了美观，更是为了提升社区的功能和实用性。因此，在微更新的空间设计中，需要注重社区的功能和实用性。可以通过设计更加便利的交通系统、更加舒适的公共空间等方式，提升社区的实用性和居住舒适度。老旧社区的更新改造可以提升社区的品质，还可以推动城市的可持续发展。

重建社区记忆场景在微更新的空间设计中具有重要价值。通过重建社区记忆场景，可以激发居民的归属感和认同感，老旧社区的居民大多为老年人和低收入人群，他们在这里生活了很多年，对社区的历史、文化和人情有着深厚的感情。在微更新的空间设计中，可以通过恢复老旧建筑、保留历史文化遗产、设置公共休闲空间等方式来重建社区记忆场景，让居民在新的环境中找到熟悉的感觉，增强他们的归属感和认同感。社区文化是一个地方独有的文化体系，它与地域、历史、习俗等密不可分。在微更新的空间设计中，可以通过艺术装置、文化展览、社区活动等方式来体现社区文化，让居民感受到社区文化的魅力和活力。同时，也可以通过引进新的文化元素来创新社区文化，让社区成为一个充满活力和创新的地方。老旧社区的环境和设施往往比较陈旧和简陋，这不利于吸引人才和资本的流入。在微更新的空间设计中，可以通过提高公共设施的品质、改善居住环境、增加绿化景观等方式来提高社区的品质和形象，让社区成为一个宜居的地方，焕发新的生机和活力。

三、微更新进阶模式——艺术植入

设置艺术展示、剧场表演等区域文化展示平台，搭建起社区生活和城市品质之间的重合区域，让体验者获得多维立体感受。随着艺术介入社区更新的设计现象日渐增多，人们追求更高品质的社区生活。在场所中呈点状网格布局艺术作品，采取各式各样的感知方式获取人们的关注。通过场面、段落的分切与组接，对素材进行选择和取舍，采用视觉感知、听觉感知和触觉感知，将日常生活中习以为常的素材保留下来，以非常规的手法表达并融合到人们日常生活的场景中，在社区环境中实现场景感染力和强烈的时空错觉。艺术多变的外在形式，可以透过艺术意象直接进入社区的环境脉络。

在艺术活动展线上的南岸万和社区更新布局中，放置了蓝色、绿色和黄色三个造型各异的小凳子造型构筑物。日常生活中老百姓最常使用的小板凳，被夸张成为组织空间的主题要素，用老物件凝聚成的叙事空间，唤醒参与者意识中的朴实情感，触发与艺术作品产生交互行为的动机（图4-4-3）。通过视觉感知艺术形式的核心信息，并置于具体的情境关系中欣赏其美感，人们穿梭于凳子造型的社区场景中，触觉感知又将参与者带入情境，体验和解读艺术的信息，从构成情境实物的感知升华为充满情感的审美感知。（图4-4-4）

在老旧街区植入艺术装置设计可以为空间增添独特的魅力和文化内涵，进一步提升居住体验和社区形象。艺术装置设计可以为老旧社区带来新的文化内涵。老旧社区往往缺乏文化氛围和艺术元素，而艺术装置设计可以为其注入新的生命力和文化内涵。通过艺术装置的设计，可以展现社区的历史文化、人文风情等方面的特色，让居民在日常生活中感受到文化的氛围和艺术的魅力。老旧社区往往存在空间单一、布局拥挤等问题，而艺术装置设计可以通过巧妙的空间布局和形式创新，为居民带来更加丰富多彩

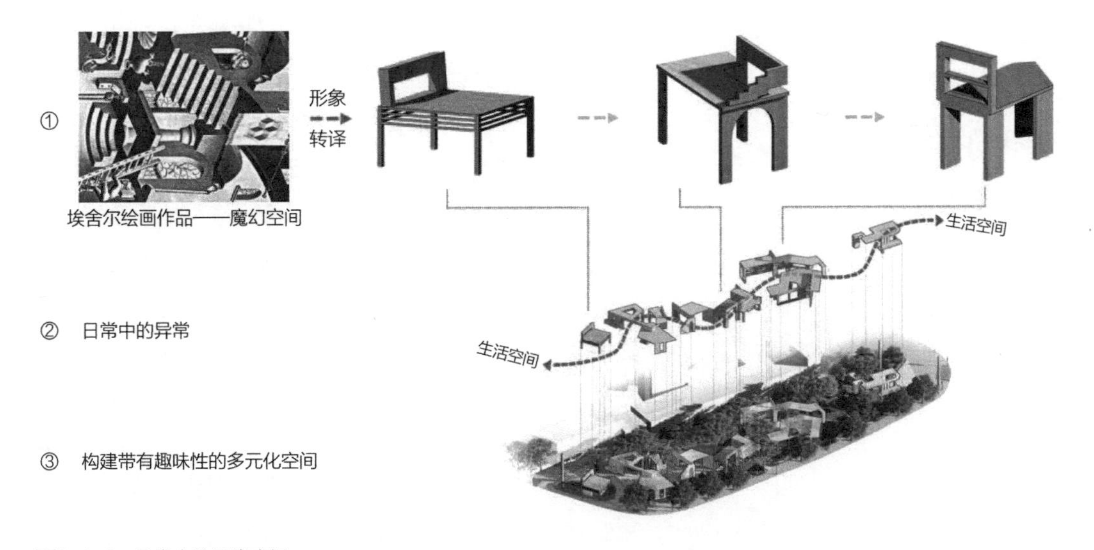

图4-4-3 日常中的异常空间
（来源：南岸区老旧社区微更新设计项目组）

图4-4-4 板凳构筑物下的开放式图书角
（来源：南岸区老旧社区微更新设计项目组）

的空间体验。艺术装置的设计可以利用现有的空间资源，将其转化为具有艺术性和观赏性的空间元素，从而为居民提供更加舒适、宜居的居住环境。老旧社区往往存在环境脏乱差、形象陈旧等问题，而艺术装置设计可以通过美化环境、提升形象，为社区带来新的吸引力和美誉度。艺术装置的设计可以将原本单调乏味的空间变得生动有趣，让居民在日常生活中感受到美的享受和幸福感。

第五节

城市老旧社区微更新康复设计的价值

社区内部错综复杂的功能布局，折射出长期以来城市居民顺应自然条件而产生的自我生长方式，反映了社区内的公共空间在各个时期发展进程中累积的历史印记。城市需要更新，但不能认为简单粗暴地拆旧建新就完成了城市的发展。对于老旧社区简单实施“拆”或“建”，会使城市凭空生造出断代的建筑，它们既不是过去，也不是现在，它们没有自己的历史和文化位置。城市空间需要完整的历史维度，要珍惜遗存在老旧社区历史空间中绵长而丰富的符号、遗迹和故事。我们的城市都曾经历过不同寻常的时期和时代，每个阶段留下来的不管是历史还是建筑，都是这个城市、社区的记忆，采取友好的微更新方式将这些要素保存、沉淀，使它们有机会成为这个城市的历史。因此在老旧社区微更新中，注重社区要素多方面的有机联系，既要延续空间的合理布局，又要使之与居民的生活方式相吻合，最终形成社区和谐与统一。友好型社区微更新研究与实践，是探索一种源于生活、适应民意、激发活力的微更新途径。

城市老旧社区的康复设计是城市更新的重要方式之一。相对于简单的“拆”或“建”，康复设计更加注重保留历史和文化，使得老旧社区在更新后仍然具有自己的独特魅力和文化价值。首先，康复设计可以保留老旧社区的历史和文化。老旧社区是城市的重要组成部分，其中蕴含着丰富的历史和文化信息。通过康复设计，保留这些信息，使得老旧社区成为城市历史和文化的见证者。同时，康复设计也可以通过对老旧建筑的修缮和改造，使得这些建筑在功能上更加符合现代需要，为城市居民提供更好的生活环境。老旧社区通常存在交通不便、环境脏乱差等问题，通过康复设计，在交通方面增加公共交通线路，改善道路状况，在环境方面可以加强垃圾清理和绿化建设等问题的改善，使老旧社区变得更加宜居。

总之，微更新式的康复设计是一种友好的城市老旧社区更新方式，可以保留城市的历史和文化，提高生活品质，促进经济发展。相信在未来的城市更新中，微更新式的康复设计会得到更加广泛的应用。

05

第五章

叙事性体验下的疗愈设计模式

第一节
叙事性情景疗愈体验设计概述

一、景观叙事的相关概念

叙事的本质就是讲故事，是人类本能的表达方式。叙事性是对文艺理论研究中叙事学在实践特征上的表述。叙事意味着一种通过体验和行为的偶然性来获得知识的一种方式。“叙事”包含叙事者、媒介、受体三个层面，叙事者提供叙事素材，叙事媒介传播信息，受众接受信息，并转化认知情感。1998年，马修·波提格（Matthew Potteiger）和杰米·普林顿（Jamie Purinton）在《景观叙事：讲故事的设计实践》中，首次为景观叙事建立了理论框架，即景观叙事就是让一系列的景观组合起来讲故事。景观叙事就是设计师通过观察地方民俗仪式、研究地方历史事件，以及探索充满故事色彩的景观等方式，采用命名、排列、揭示、隐匿、聚集与开放的基本叙事手法，达到让景观讲故事的目的。

景观叙事的主体通常指叙事者，一般包括设计师、故事的编排者、场地经营者以及使用者。而景观叙事的客体通常分为物质和非物质两个方面。物质方面指林地、山石、建筑等要素，非物质方面指图像、行为、声音等要素。叙事结构和编排策略是组构景观叙事的关键部分，叙事结构通常是景观空间与故事之间建立的一种结构关系，编排策略通常指运用正叙、倒叙、插叙等手法来组织景观、故事以及空间，使其成为一个有逻辑的整体。正叙指按照事件发生、发展的时间先后顺序进行的叙述方法；倒叙指将某个重要的事件提前叙述，然后再从事件的开头按照时间先后顺序进行叙述；插叙指在对事件进行叙述的过程中，插入一段与中心事件相关的事件的叙述方法。在设计中运用不同的编排策略对景观叙事结构进行组构，从而形成不同的景观体验。

二、情景与叙事性

叙事由叙事者、媒介、接受者三要素构成，叙事的媒介并不限于文字或语言表达，叙事性可采用非语言形式的绘画、图像、戏剧、雕塑、舞蹈和建筑等进行故事内容表现。叙事是叙事媒介与接受者的传达关系，因此通过叙事性设计的场所，与人的行为和感受建立联系，场所也就成为被赋予了叙事内涵的载体，包含了情感因素，由场景进化成为情景。挪威城市建筑学家诺伯舒兹在1979年提出“场所精神”，“场所”是个人记忆的物体化和空间化，是对一个地方的认同感和归属感。根据场所叙事与表意的两大功能，可划分为表现性场所、理性场所、叙事性场所三种基本类型。

表现性场所、理性场所、叙事性场所对应到以小说或电影等情节式文学作品时，场景可转换为情景。在情景式设计中，表现性情景侧重以镜头表现为主，其目的不在叙述情节，而是通过刺激性的画面激发观众的联想与思考；理性情景则偏向素材的主观性处理，插入与情节无关的隐喻性画面，聚焦人物思想的表达和新概念的形成而非故事情节。区别于前两者主要用以表意的手法，叙事性情景转换则是影视中最常用的一种叙事手段，按照情节发展的时间顺序、因果关系来分切组合镜头和场面，从而引导观众理解剧情并重现整体事件。叙事空间转换的连接脉络清晰且逻辑顺畅，相较于常规镜头固定的视野，叙事性镜头语言不断转移的视点，更接近人们的基本视觉习惯。在设计中将叙事手法介入情景设计中，更加贴近现实行为习惯的方式，使参与者在叙事情景中获得愉悦的体验。

三、叙事性情景的一般体验方式

叙事性情景的搭建，包括叙事结构、空间结构和情景表现三个核心部分。叙事性情景一般的体验方式有两种。一是串联体验。采用叙事性的空间次序，基于叙事性对情景的编排，通过人流动线的规划和各细分主题空间的组合，将故事剧本串联为一个个体验空间，呈递进式地推进叙事的发生与发展，人们通过穿越主题性叙事场景感受情感的体验，实现心灵的共鸣。二是并联体验。基于整体叙事线索对空间主题进行个性化处理，将一系列的主题和概念，并置为分离单元，通过各自情景的单独体验，合并得以整体性展现。每个次序空间都有自身的设计构思和表达方式，从不同角度塑造各情景特点与叙事性变化。并联情景更加适合非时间线索的表达模式，以事件内容实现与体验者共情。

叙事性情景的一般体验方式，串联体验或并联体验强调人们在人流动线中，通过设计引流完成体验过程，就像看电影或看小说，看完即完成体验，人们缺乏更进一步的参与、进入和互动，也是沉浸式情景体验。

第二节
叙事性情景体验设计策略

一、叙事情景的沉浸式体验

叙事性表达不仅有“使用功能”，还要提供“表达功能”，也就是说不只考虑功能，更要塑造情景。叙事性设计具备多维度的思维路径，“时间”作为变量被拉伸或压缩，将“历史”的画面与“未来”的主题，投射或反转到“现在”的场景。因此，叙事设计强调的是场景中作为感性表达的“情景”体验，而不是场景里属于物质的“场域”属性。“情景”广义上指对获取知识信息产生影响的各种情况，包括观众的内外部情况；狭义上是根据特定主题所构造出来的生动环境，让观众能有“身临其境”的体验，使之能更好地参与到主题内容中。所谓“体验”是指在一定环境中让人产生身临其境的沉浸感，体验促使人们形成深刻感知的实践经历，沉浸式情景体验的本体在于体验，沉浸式是一种状态。体验是促使人们形成深刻感知的实践经历，体验在学术上目前有两种说法，一是派恩和吉而摩的四分法：娱乐、教育、逃避现实、审美；二是伯思德・H.施密特的五分法：感官体验、情感体验、思考体验、行动体验、关联体验。它包含三要素：实践性、认知性和情感性。从设计学角度看，体验是设计师通过引导观众参与、观众互动、观众创造来满足观众的情感需求，实现心中的自我价值。

沉浸式情景体验的设计策略，由叙事结构、空间结构、情景表现和人群体验四维模型构成，在设计线索上分别对应为时间线、空间线、事件线和人物线。

第一，时间线——叙事结构手法，由故事内容和时间顺序构成，是保证叙事空间完整性的前提。

第二，空间性——空间结构手法，是故事的基础骨架，叙事结构则为空间结构提供了丰满的内容。

第三，事件线——场景表现手法，是借鉴场景叙事空间模型，将原有叙事结构中既定排序的故事内容打散重组，通过串联或并联方式的规划，将具有故事情节的场景片段融入人流动线、空间次序以及主题规划。

第四，人物线——参与其中的人群，以第一视角进入场所，所见既是过去事件的见证者，也是今天场所的经历者，在体验中建立话题，引发共鸣建立社交环境。

因此，在沉浸式情景体验的语境下，场景片段和故事情节的改变，使观看者产生叙事性想象，增强了空间环境与人们的情感联系，共同构成既清晰又梦幻的体验场景，人们在体验中实现精神愉悦，达成减压和放松的疗愈目标，实现自我价值的认同。

二、建立沉浸式情景体验的疗愈设计策略

基于叙事结构、空间结构、情景表现和人群体验四个核心，考量四个因素之间的内在关系，使其有

机结合，并构建设计思维模型。沉浸式叙事体验设计着重探讨两个方面：第一个方面，叙事性的空间次序是基于情景叙事性对空间的编排，通过人流动线的规划和各细分主题场景的组合，将故事剧本转化为疗愈体验空间。第二个方面，基于整体叙事线索对空间主题进行细化处理，实现疗愈目的。可理解为一系列的身心放松疗愈主题和概念通过碎片场景的串联得以整体性展现出来。每个次序空间都有自身的设计构思和表达方式，从不同角度塑造各疗愈情景空间的特点与叙事性变化。

沉浸式情景体验疗愈设计方法包括以下几个方面：

（一）情景参与

个体需求的充分实现。打破传统叙事性设计的物理障碍和历时顺序，不对参与者的路线和参与方式做过多限制，给参与者充分的自由并鼓励其自行发掘内容。相对于静态的设计方式，情景参与设计理念更强调物体之间、人与物之间、人与人之间的相互作用与影响，参与在附着强烈体验感的同时，也包裹着舒展身心的疗愈性。让不同个体在相同的叙事场景中，体验不同的情景感受，静态的物理场域加入情景参与的叙事延展和意义赋予，使体验成为过程，让认知成为目标。多样性的情景叙事空间，促进人们积极参与，在创造与合作中获得成就感和认同感。

（二）情景复刻

历史记忆和文化内涵的活化展示。在情境化的叙事空间中将叙事的主题与空间展示融为一体，打造复原过去、模拟未来，再现历史人物、文化事件的场景空间，是叙事空间的功能特征。其目的是让观众身临其境，潜移默化地接受信息。通过营造情境的空间位置、空间氛围和复原景观，观众在体验中回顾历史，重视文脉，加强参与者的感受和情感记忆。叙事空间的互动是疗愈空间设计采用的新方式，人和物适时发生互动关系，通过让观众直接参与的方式去了解展示内容，从中获得所需要的知识和信息。空间的情景展示往往是与个体或集体文化记忆密不可分的，而疗愈景观的情景化诠释也越来越嵌入日常生活体验，由此产生文化与空间维度之间的联合和共鸣，混合多种多样的表达路径再现历史场景，让观众身临其境，用感官和心灵亲历文化的沉淀和岁月的流淌。

（三）情景碰触

情绪心流的唤醒体验。根据时间顺序或主题事件进行展示的叙事性情景，通过叙事媒介、叙事空间、叙事故事、叙事身份让参与者实现文化认知的沉浸式体验。叙事媒介可以通过新媒体技术将静态图像、动态影像、声音和文字等跨媒体叙述有机组合，通过感官体验与交互体验的互动性、参与性方式，加强情景的沉浸性，实现疗愈的体验感。感官体验主要指在视觉、听觉、嗅觉、味觉、触觉五种感官的刺激，让参与者沉浸其中。在感官体验方面，使用沉浸式设计策略让参与者专注在当前情境下感到愉悦和满足，而忘记真实世界的心理状态。

拥抱社会大众的叙事性情景，需要认真考量如何满足大众的体验期望值，从参与范式视角下看待情景空间，无疑应该更加富有趣味性和好奇心，给予观众充分的个性化体验和参与性赋权。叙事性情景应该提供的最佳沉浸体验，莫过于跨越文化差异引起参与者人性共鸣的故事，叙事场域的情景化可实现其社会职责、讲述历史故事以及谱写文化记忆，参与者也能获得各自的情感需求。

创造情境性、移情化的叙事性故事力量，在多感官的环境呈现中，叙事性故事本身就是一个强大沉浸式的工具，一个有效的身临其境沉浸式的叙事故事，不仅塑造了场景空间的面貌，也构架了时空客观事件与参观者人生阅历之间的桥梁。这种联系植入人心，使参与者继续关注或跟踪其文化现象，让文化持续性、传承性、创新性地在文化的灵魂中发酵。叙事性情景设计中所创造出的情境性、移情性的叙事故事体验，突破了传统设计中与设计对象的界限，使参与者置身于所叙故事时空情境中，把个体的生活经验带入叙述性故事，通过高度的沉浸状态，触碰并激发出独特的、耐人寻味的心灵涟漪。

第三节

实践案例：情景体验式主题儿童乐园疗愈空间设计

主题乐园由一系列的情景式体验空间构成，参与的体验不仅是一种场景体验，更是一种心理感受。主题乐园的情景化体验设计是通过营造一种身临其境的视觉与听觉等环境效果，使空间具有戏剧性。与常规设计的以观看为主的方式不同，情景化设计更强调对象参与，针对的设计群体更加明确，场景的表达更加完整。本案例以重庆融创朵拉萌宠乐园为例，探讨运用叙事性情景化设计手法创造的主题乐园。通过系列的空间序列组织，以故事为线索营造富有创造力的空间，孩子们进入故事参与情景，建立身心愉悦的儿童疗愈空间。

如何组织故事线，并架构设计呢？

一、说明故事主体面临的问题与挑战

（一）问题

2021年5月，我国三孩政策正式实施，关注儿童的行为与需求更加成为设计研究的重要内容。城市化的发展加速了乡村的蜕变，溪流、田野和森林离孩子们的生活越来越远，各类电子产品的普及以及课业压力让儿童不愿走出家门，在生理层面出现“大自然缺失症”“青少年肥胖率上升”等现象，在心理层面更出现注意力缺陷、多动症、行为障碍、智力障碍和睡眠障碍等各种精神障碍。2021年10月12日，在由国家心理健康和精神卫生防治中心与联合国儿童基金会驻华办事处共同主办的青少年心理健康倡导活动上，联合国儿童基金会发布了题为《心之所想：促进、保护和关爱儿童心理健康》的2021年世界儿童状况报告（中文摘要版），报告显示全球约有13%青少年患有不同程度的精神疾病。

（二）挑战

儿童比成人更具可塑性也更加脆弱，他们容易受到环境的影响，幼儿期至青少年期是人类成长的关键阶段，身心健康问题将影响儿童关于外部世界和自身成长的价值与情感认知。积极地参与户外活动，尤其是在自然环境中的活动，已被证明对儿童的情感、社交、心理、智力和身体健康具有积极意义，甚至对人的整个生命周期健康的保护都具有重要价值。但是，有大量研究显示，与上一代人相比，如今儿童在户外和自然中玩耍的时间和机会都越来越少。同时，城市里很难找到合适的地方让孩子放松，城市到处都是高楼大厦，孩子总是被关在各种各样的室内空间，没有有趣的外部环境让孩子“撒野”。孩子们需要拥抱大自然，在自然中学习，与自然为友，以自然为师，在自然环境中与小动物互动和玩耍。

瑞士儿童心理学家让・皮亚杰（Jean Piaget）的认知发展理论明确了儿童心理发展与环境相互作用的发展观。他将儿童的成长主要分为四个阶段：感觉动作期、前运算思维期、具体运算思维期和形式运算思维期。自然景观对于儿童的身心健康具有促进作用，儿童在成长阶段，根据不同的年龄段，反映出不同的特征和对环境的相应需求：第一阶段0～2岁，是感觉动作期。这个年龄段的婴儿通过感官和动作来体验世界，这个阶段是婴儿和父母建立认知关联的重要时期，因此他们对于接触陌生人表达出更大的焦虑。在环境方面，婴儿喜欢丰富多样的空间环境，整体有序的设计布局有益于促进他们视觉、听觉、触觉、嗅觉等感官发展，适度围合的空间设计可以提供给婴儿足够的安全感。第二阶段3～6岁，是前运算思维期。这个年龄段的幼儿喜欢用语言和绘画表达事物，通过扮演妈妈、爸爸等游戏，以自我为中心来感知周围的人和事，这个阶段是幼儿语言和想象力最重要的发展时期。在环境需求方面，需要考虑对比度强烈的色彩、符号、图案及材质，来配合幼儿对具象事物的感知，利用缓坡、流水等富有变化的事物，激发幼儿通过身体和感官去探知环境。第三阶段7～11岁，是具体运算思维期。这个年龄段的儿童具有逻辑思维能力，思维活动需要具体内容支持，叙事性的情景体验对于这个年龄段的孩子有较大的吸引力。在环境需求方面，良好的视线和安全感的营造，组织公共空间与私密空间的划分与连接，满足儿童对“瞭望”与“庇护”、社交与私密感的需求，设置互动性较强并能使儿童具有一定掌控感的景观元素，可以促进孩子学习社交和建立自信。第四阶段12～18岁，形式运算思维期。这个年龄段的青少年具备思考假设性情境及处理抽象性思维的能力，抽象逻辑推理具有成熟的道德推理潜质。在环境需求方面，具有创造性、激励性、趣味性或神秘感的空间布局和景观设置，可以激发青少年探索的愿望，从视觉、听觉、触觉、嗅觉等方面入手设置多样性的景观元素，来满足他们对于空间及事物强烈的求知欲、探索欲和感知力的心理需求。近年研究已证实，医院设置的康复性花园，对以情绪及行为问题为主要表现或主要诱因的心理精神性疾病是一种有效的干预及康复手段，能促进疾病预后、减轻压力和增加幸福感。将园艺疗法的自然景观引入情景式疗愈环境，综合调用动物、植物及自然环境等因素，采用多途径促进心理健康。动物的形态和植物的颜色被认为是吸引孩子们注意力的两个主要因子，利用萌宠动物的可爱外形吸引儿童的注意力和好奇心。在与小动物接触的过程中，为孩子们提供互动的机会、选择的机会、寻求隐私和感受掌控力的机会，鼓励他们参与体验，丰富创造性和想象力。

（三）目标

基于发展心理学儿童成长的特征，在城市中为孩子们营建一个拥有户外环境的，可以与小动物近距离玩耍和互动的萌宠乐园，对于孩子们的成长具有非常积极的作用。孩子们可以在乐园中找到承载安全感的“洞穴”，激发探索欲的“森林”，并在“溪流”中发现水豚船长的帆船，他们可以扮演各种角色，并在游戏过程中放松身心，自然而然地建立同伴关系。儿童在社交过程中相互影响，发展健康的伙伴关系，通过互动学习如何尊重、关心并且彼此支持，有助于促进和创建包容性的成长环境。从最初远远观察小动物，到近距离给它们喂食、抚摸和搂抱等互动行为发生，萌宠主题乐园的建立希望给予儿童一个生态及人文社会环境，提升儿童对周围世界的关注，培养合作意识，拓宽兴趣爱好。无论面对身体、心理，还是社会障碍，将自然性的设计策略融入儿童景观设计，都能使环境更有温度，有效地改善环境的可及性与可用性，应对儿童群体的多样性，并为不同年龄、不同兴趣和爱好的儿童创造社交机会，获得良好的游戏体验，学习逐渐融入社会。

二、将故事落脚到具体的场地上

萌宠主题儿童乐园总体规划创建了一个以童年童趣为导向的方案，将拓展孩子们动物知识与场地景观布置连接起来。基地建于重庆市沙坪坝区大学城重庆融创文旅城内，占地约5万m^2，周边有幼儿园、小学、中学50余所，还有包括重庆大学、四川美术学院、重庆医科大学等在内的17所高校，附近儿童及青少年群体人口数量庞大，对乐园的需求量甚高。（图5-3-1）

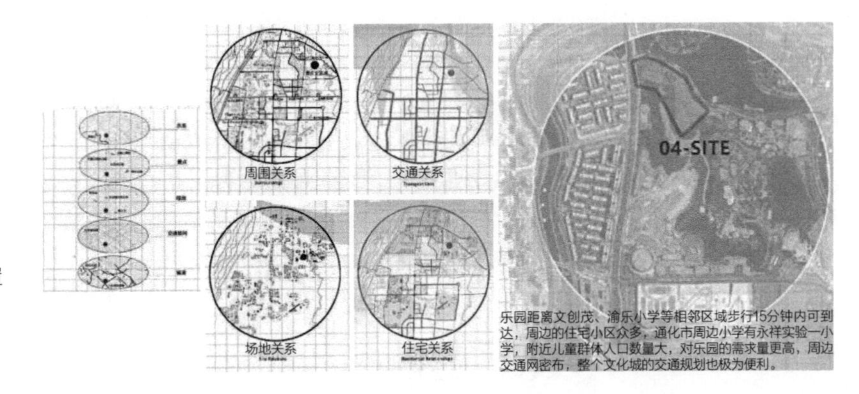

图5-3-1　项目地理位置分析
（来源：情景式康复设计课题组）

整体地形上，分为山上和山下两个部分。场地优势主要是山下地势较为平缓，可利用区域较大，山体顶部原生植物保护较好，形成了自然的天际线，同时利用山地地形与红线区域外的湖面的高差关系，可塑造良好的观景视觉体验；场地劣势主要体现在场地高差较大，山上区域现状较为复杂，可达性较差，山地原生杂木较多，场地建设有一定的难度。（图5-3-2）

图5-3-2　项目调研现状
（来源：情景式康复设计课题组）

三、确定场地的设计方向

（一）问卷调查和需求分析

通过网络发布调查问卷让家长及儿童参与调查，问卷共计103份，有效问卷100份，问卷有效率达98%，通过问卷调查和了解孩子们对萌宠主题乐园里的哪些内容更有兴趣。（图5-3-3）

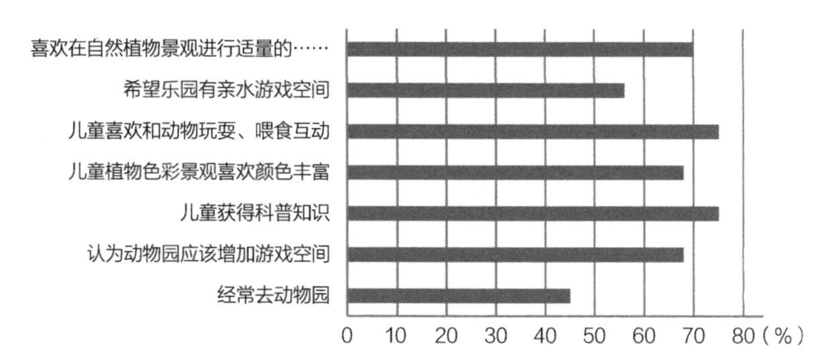

图5-3-3 调查问卷分析一
（来源：情景式康复设计课题组）

从以下调查问卷可以看到儿童对小动物、植物、自然环境有较为强烈的亲近感，同时孩子们希望有足够多的游戏空间，他们喜欢滑梯、秋千和沙坑等游乐设施，对亲水环境也表现出较大兴趣。（图5-3-4）

孩子们的需求表现在以下方面：第一，亲近自然的需求，需要提供草坪、绿地、溪水和沙坑等环境要素；第二，与动物玩耍、互动的需求，需要具备玩耍、喂食、抚摸、追逐的体验空间；第三，游戏场所的需求，需要设施安全、家长能够休息并且没有视线盲区的游戏环境；第四，社会交往的需求，需要提供孩子们集体参与的活动，通过小组游戏等互动方式，让孩子们参与社交活动；第五，求知学习的需求，需要将动物和植物知识巧妙地融入环境设计中，孩子们在游戏与互动时，能不经意地掌握相关的科普知识。

从调查问卷分析图中可以看到，首先小朋友希望可以与小动物互动玩耍的选项获得支持比例最高，其次是了解动物类别、习性、栖息地、饮食和生活环境等科普知识，也是小朋友比较关注的。他们不愿意像看教科书那样枯燥地了解，更加希望在游戏体验中学习这些有意思的动物知识。这一点得到了广大家长的普遍支持，他们希望孩子们能够真正地寓教于乐，不仅开心地玩耍，还能愉快地学习。

在萌宠主题乐园，儿童在观看、玩耍和体验中不知不觉地萌发对新奇事物的兴趣，同时通过提问、回答、互动游戏，启发对外部世界的思考。

（二）确定具体设计目标

孩子们置身于自然之中，在和小动物接触的时候释放出人最原本的爱心。走进萌宠主题乐园，小朋友不是以观赏动物的姿态，而是来拜访自己的朋友。小朋友们进入的是一个魔法森林王国，在体验中和小动物形成互动，一起交流、沟通、玩耍和生活。萌宠主题乐园的情景式体验设计，让孩子们走出城市，把他们代入到一个个童话故事里，用情景体验的设计方法，教会孩子们怎么爱护小动物，怎么与小

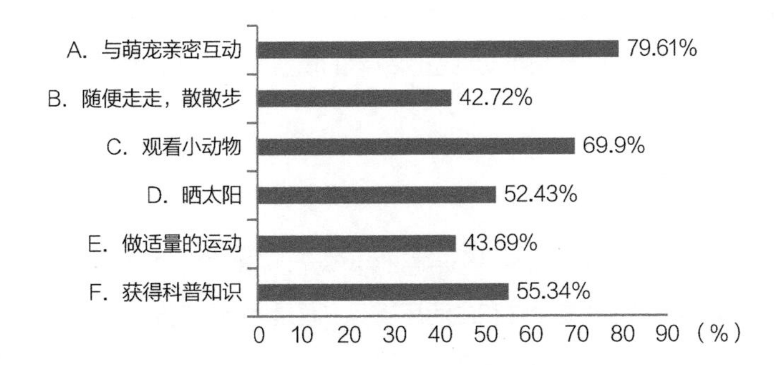

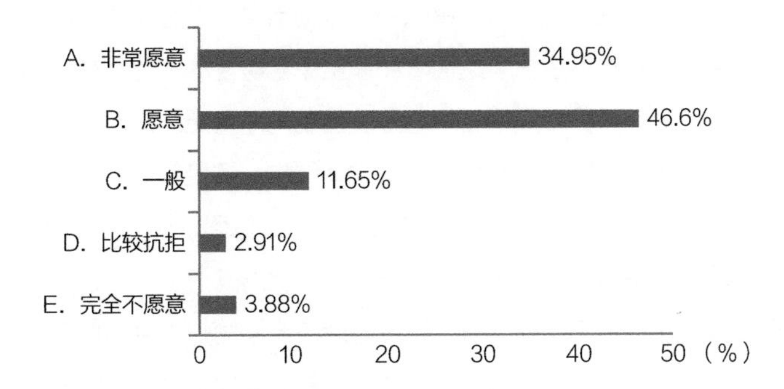

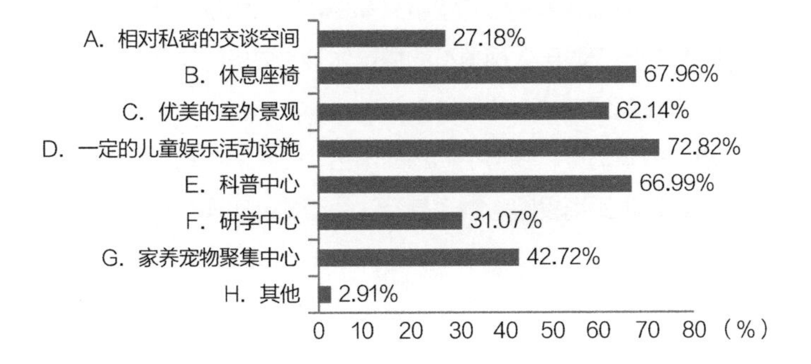

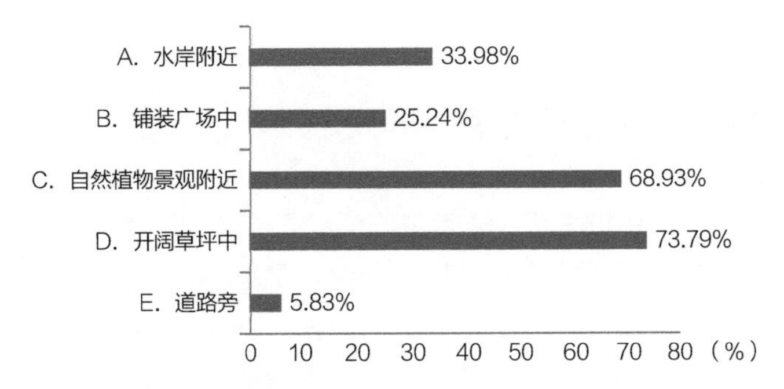

图5-3-4 调查问卷分析二
（来源：情景式康复设计课题组）

生命交流，并把这样的体验和情感慢慢地浸入他们的内心深处，培养孩子的爱心和耐心，建立一个可以提供给孩子们的情感加油站。在这里他们可以通过照顾小动物体验当家长的感受，也可以在拜访小动物家庭时学会社交礼仪，还可以通过参与小动物童话故事的情景体验，丰富想象力和创造力。

四、确定具体设计布局

在萌宠主题乐园中，每个主题区就像一个完整的小单元，它们的功能相对独立和完整，在情景设置上根据动物的属性，塑造不同的动物个性和生活环境。主题是体验的基础，在此基础上创造了多条情景线索，塑造令人深刻的印象。每个情景线索都支持魔法森林王国这一主题，在设计中采用类似于波普化的叙事手法将各个主题区拼接在一起，之后通过主园路串联，形成串珠似的空间序列。

萌宠主题儿童乐园的空间营造，从儿童的心理特征出发，采用儿童认同的方式，营造萌宠主题儿童乐园。主题区空间序列根据故事线索表达需求和体验单元特性的不同，在空间序列理论的指导下，由体验单元空间有机组合而成，体验单元的主次之分，使空间序列更加富于变化并具有节奏感。

沉浸式情景体验的设计策略，由叙事主题、空间结构、情景表现和人群体验四维模型构成，在设计线索上分别对应为时间线、空间线、事件线和人物线。具体到乐园情景设计上，围绕“叙事主题”“空间组织”“情景营造”“沉浸体验”四个叙事情景设计层次展开。

叙事主题是表现魔法森林王国的故事，通过塑造萌宠动物拟人化的角色，将动物故事情节应用于不同时间的场景布局中。在时间线上，魔法王国是从外星球穿越而来，它的时间不能按常规的公历纪年法计时，因此魔法森林王国是以王国的大事记为时间线。

空间组织是在情景设计中，将表现叙事主题的叙事文本，转换为情景设计元素，通过空间序列的方式进行链接和联系。在空间组织中不仅限于人视角下的情景体验，更多的是要制造和产生以动物视角为主的情景体验，让孩子们能够真正沉浸在故事的情景中。

情景营造是引导小朋友进入叙事情景，参与小动物的角色，在拜访动物王国的过程中，了解动物的种类、居住地、爱好等知识。通过近距离投喂、触摸甚至认领动物，实现与小动物真正地互动。通过情景营造达成叙事主题的目标。

沉浸体验是叙事文本与孩子们的交互关系，以此来强化认知体验。主题是体验的基础，塑造多样性的情景线索呈现并支持主题。情景线索构成故事印象，每一条情景线索投射到空间秩序上，表现为一系列体验单元的组织。故事线通过情景体验空间有机结合，表现为主题区空间序列框架的设定和组织过程，也是萌宠乐园整体游线确立的过程。

五、引入故事线组织情景空间序列

将孩子们喜欢的童话故事和角色带入萌宠动物空间，孩子们在故事情景中与小动物互动，以叙事主题、空间结构、情景表现和人群体验四维模型，组织情景空间序列：叙事主题以童话故事为线索，采用故事内容对应空间结构，故事内容分别是前奏、过渡、主歌、高潮，最后是结尾；空间结构对应故事内容为浸入区、喂养区、科普区、探索区和零售区；情景营造上，在前奏开始时渲染氛围，引导孩子们与小动物互动，互动中了解小动物喜欢什么食物、喜欢什么样的交流方式、喜欢什么样的生活环境等科普知识，同时也能发现很多关于小动物的趣味故事，最后还可以认领一只小动物成为好朋友，通过云服务平台，每天看到好朋友的生活点滴；沉浸体验上，前奏阶段首先是认识小动物，通过与萌宠动物一起打卡拍照，建立基本联系，熟悉以后可以给小动物喂食、抚摸和拥抱，建立良好关系后，孩子们可以在动物小讲堂学习和分享自己知道的动物知识，喜欢相同小动物的孩子可以分组一起照顾一只小动物，这样不仅让孩子们能够学习动物知识，更能培养小朋友的团队意识和社交能力，达到沉浸体验的高潮。最终，孩子们在与小动物的互动中，完成了一次童话故事之旅，把书上的文字变成了身心的体验。（图5-3-5）

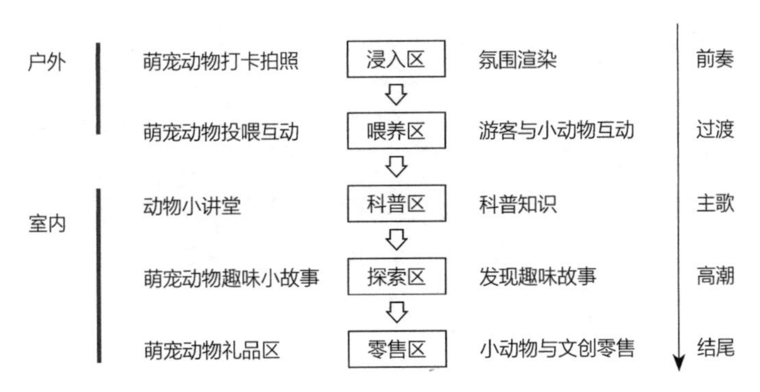

图5-3-5　空间序列组织
（来源：情景式康复设计课题组）

六、具体策略：设立角色带动空间结构浸入情景式体验

童话由童话人物、童话情节及童话环境三个部分组成。儿童的童话世界中有精灵、巨人、仙女等现实生活中不存在的角色，动物、植物或者自然界中的星星、月亮都有可能是主角。在童话氛围设计中，设立拟人化的动物童话身份，围绕趣味的动物故事浸入情景式体验。童话情节中充满幻想，森林里的小木屋、尖尖的塔楼、移动的城堡都是童话环境中的元素。在环境塑造和氛围营建上，使用弯曲奇特的藤蔓、造型可爱和尺度夸张的建筑去烘托童话环境，从建筑外观满足孩子们的探索性，通过一个个童话故事、童话环境和童话人物串联整个萌宠乐园的主线。运用情景化设计手法设计的重庆融创朵拉萌宠乐园，从“主题故事—角色定位—整体布局—情景空间—体验单元”体现情景化景观设计的策略，围绕故事线展开空间序列，具体故事主题以动物星球的角色来展开布局，不同的动物串联对应的情景空间，孩子们在进入的过程中，跟随角色身份体验不同的故事内容。

（一）前奏：穿越魔法森林，进入草原星海，认识萌宠王国

角色：羊驼将军和兔子仙女

情景设定：小朋友们穿过一个神秘的森林通道后，迎接他们的是鲜花四溢的草原星海，这里住着羊驼将军和兔子仙女。羊驼将军是萌宠王国军团的统帅，在他的指挥下萌宠军团抵御外敌，多次打败外族的入侵，为萌宠王国建立和平乐土立下汗马功劳。这些伟大的拯救王国的战役，让萌宠王国的臣民们为他们的将军感到由衷的自豪和骄傲。兔子仙女是萌宠王国的魔法师，她可以用魔法棒连通人类世界与动物王国的时空隧道，帮助小朋友进入魔法世界。（图5-3-6）

图5-3-6　羊驼将军的画像和城堡外观、内部情景体验空间布局
（来源：情景式康复设计课题组）

情景体验：在羊驼将军城堡里与羊驼零距离互动，参与羊驼兵团大比拼游戏，游戏中孩子们扮演将军组织士兵，通过排灯游戏指挥士兵赢得比赛。在兔子仙女的魔法屋里，孩子们爬上大蘑菇，穿越长长的软梯，滑下时空滑梯，就开始了美妙的童话之旅。（图5-3-7）

图5-3-7　兔子仙女的画像和魔法屋外观、内部情景体验空间布局
（来源：情景式康复设计课题组）

（二）过渡：与鹈鹕大厨共进午餐，品尝猫公爵的下午茶

角色：鹈鹕美食家和猫公爵

情景设定：鹈鹕美食家是萌宠王国里最会品尝美食的御厨，御厨痴迷于用新鲜的食材制作精美的食物，为了让王国里的居民都能品尝，特地公开了鹈鹕的妙味厨，孩子们一起去享受美食盛宴吧！猫公爵是萌宠王国的智慧之星，曾多次用计谋击退敌军，她喜欢一边品尝美食一边思考策略，猫公爵邀请小朋友们一起进入猫公馆，听她给大家讲述有趣的故事。（图5-3-8）

图5-3-8　鹈鹕美食家的画像和美食屋外观、内部情景体验空间布局
（来源：情景式康复设计课题组）

情景体验：鹈鹕住在小岛上，小朋友可以在湖水旁，一边玩水一边给鹈鹕喂小鱼，没有喂完的小鱼也可以交给鹈鹕美食家做出美食，和小朋友一起分享。在猫公馆，猫公爵为小朋友准备了猫咪下午茶和猫咪小讲堂，小朋友在这里一边撸猫，一边了解猫咪的品类、习性等知识。（图5-3-9）

（三）主歌：参观袋鼠伯爵的收藏品，与小浣熊和小熊猫一起听故事，跟随水豚船长一起去体验航行的乐趣

角色：袋鼠伯爵、小浣熊、小熊猫和水豚船长

情景设定：袋鼠伯爵曾经是萌宠王国英勇的铁拳战士，和平时代到来之后，袋鼠伯爵回到家园与家人团聚，收起了自己引以为傲的拳击手套，一头扎进了书房，沉迷于历史和考古研究中。在他的书房里，收藏了不少珍奇的宝贝，小朋友可以进入袋鼠伯爵的书房开始自己的淘宝之旅，如果能够正确回答关于袋鼠的相关知识，还能将喜欢的宝贝带回家。小浣熊和小熊猫这两个可爱的小家伙也在等着孩子们

图5-3-9　猫公爵的画像和公爵府邸外观、内部情景体验空间布局
（来源：情景式康复设计课题组）

图5-3-10　袋鼠伯爵的画像和袋鼠木屋的外观、内部情景体验空间布局
（来源：情景式康复设计课题组）

一起去听故事呢！水豚船长是萌宠王国闻名的航海冒险家，经常率领船队出海，寻找世界各地的宝藏，在他的家里能发现陈列在各个地方的“宝藏”。水豚船长很喜欢泡温泉，小朋友在水豚船长泡温泉时给他喂食，也能获得小礼物哦！（图5-3-10）

情景体验：袋鼠伯爵是一位弹跳高手，在他的训练房里，小朋友们可以来一场袋鼠跳大比拼，由袋鼠伯爵担任裁判，弹跳次数最多的小朋友，将会获得和袋鼠伯爵拍照的机会。小浣熊和小熊猫的花园里，有孩子们喜欢的故事小讲堂，在这里小朋友们能够听到小浣熊和小熊猫各种好玩的小故事。水豚船长邀请孩子们一起泡温泉，但是孩子们需要送他食物才能参加，所以在水豚船长家里有一面食物答题板，小朋友们用沙包去投掷，只有答对水豚喜欢的食物，才能赢得泡温泉的资格。（图5-3-11、图5-3-12）

图5-3-11　小浣熊、小熊猫居住的花园和他们的科普小讲堂
（来源：情景式康复设计课题组）

图5-3-12　水豚船长的画像和水豚的家外观、内部情景体验空间布局
（来源：情景式康复设计课题组）

（四）高潮：拜访长颈鹿国王，在森林里和小猴子、小松鼠、小鸟一起玩耍，看狐獴打洞和小猪赛跑

角色：长颈鹿国王、环尾狐猴、小松鼠、小鸟、狐獴和小猪

情景设定：在国王的书房阅读萌宠王国里动物们有趣的故事，带着故事书去国王餐厅，一边看书一边享用美食，还能与探头来关心小朋友的长颈鹿国王拍照合影。在王国的森林里居住着许多小动物，有小猴子、小松鼠、八哥、画眉鸟、鹦鹉、百灵鸟、金丝雀、金刚鹦鹉等，无忧无虑地生活在这片和平、自由的土地上，他们盛情地邀请小朋友来到他们的魔法森林，一起探险、嬉戏，在魔法森林里可以忘却作业、补习和考试，和小伙伴一起尽情地释放活力，愉悦身心。（图5-3-13）

图5-3-13　长颈鹿国王和他的庄园、书房和餐厅
（来源：情景式康复设计课题组）

情景体验：长颈鹿国王带领小动物们从动物星球穿越而来建立了萌宠王国。长颈鹿国王是萌宠王国深受爱戴的最高领袖，关爱子民的国王为了随时倾听民生百态，特别开放了皇室书房和御厨房与居民们共享餐食，迎接各位居民、小客人的来访。在萌宠王国里有一片神奇的魔法森林，在这里不仅可以和翘尾巴的环尾狐猴玩丛林探险，还能一边抚摸机灵的小松鼠一边听小鸟们歌唱。离开森林后小朋友就来到沙漠，去拜访呆呆萌萌的狐獴，他正在打洞给自己和家人建造地下别墅。可爱的小粉猪希望孩子们和她一样健康美丽，专门设置了“小猪赛跑”项目，邀请小朋友们和她一起赛跑。（图5-3-14）

图5-3-14 环尾狐猴区、鸟林区、狐獴区、松鼠区和小猪赛跑区设计图
（来源：情景式康复设计课题组）

（五）结尾：回味收获

1. 情景体验中收获动物百科知识

体验中的情景，是根据萌宠动物的种类和生活习性建立不同的自然环境，依照动物生活的环境，营建森林区、草原区、湖泊区和陆地区等。在不同区域内，通过配置不同属性的植物，塑造不同的自然景观风貌，让孩子们在乐园里体验七大洲不同的地理特征。在森林区的植物配置上，选择高大乔木和低矮灌木并置的策略，方便环尾狐猴、松鼠和鸟类栖息，也方便孩子们近距离观察；在草原区的植物配置上，布局了多个草地区域，提供轮牧草场为小草生长留出时间和空间，让孩子们观察自然生态周期，了解动物迁徙的原因；在湖泊区的布局上，根据水生动物的特点设计流线，安置驳岸和石块，供动物停靠和捕食小鱼，也让孩子们在安全的前提下喂食，并了解动物的生活规律和种群特征。在与萌宠动物互动体验中，孩子们了解到小动物的生活习性、饮食结构和动物知识，在近距离亲密接触和喂食互动过程中，可以直观地观察萌宠动物的外形、毛发和进食动作，这种互动参与所收获的知识，是课本或教材上无法提供的。真实、生动而有趣的近距离体验，更加容易获得孩子们的认同，实实在在地提高他们对学习和探索动物知识的兴趣。

2. 情景体验中释放对萌宠动物的关爱，收获快乐减轻压力

萌宠动物通常是一些外形可爱、表现出人类情感的宠物动物，萌宠动物通常有着大眼睛、圆脸、细长的四条腿和柔软的毛发等特征，这些外形特征往往会让人们感到可爱，进而引起人们的注意和喜欢。萌宠动物具有很高的社交价值，与萌宠动物互动能够带给人们快乐和舒适，从而减轻人们的压力。儿童在与萌宠动物游戏互动中获得与动物亲密互动的快乐体验，也收获了对小生命的关爱。在游戏设计中，考虑不同年龄的孩子的需求，设计多样性的与小动物的互动游戏：为低年龄段儿童，设计与萌宠动物一起跑动和跳跃的游戏，让孩子在互动游戏中建立与动物相互关联，增加孩子对动物的情感关注；为高年龄段的儿童，设计带有一定挑战和难度的游戏，通过设置游戏障碍，增加游戏的挑战性与趣味性。儿

童可以通过喂养和认领小动物表达自己的关爱情感，并通过小动物的互动和反馈，获得小动物的认同和依赖，孩子们可以通过照顾和爱护小动物，学习关心他人、敬畏生命，非常有利于儿童心理健康的发展。

3. 情景体验中培养儿童的情感能力

儿童与萌宠动物互动可以提高儿童的情感能力，小动物能够给予孩子们亲昵、温暖、关怀以及安全感，这些都可以培养儿童的情感能力。儿童与小动物互动可以帮助儿童发展社交技能和交往能力，与小动物相处能够让儿童学会沟通、分享和合作，这些技能在他们回到家庭和学校与他人相处时是至关重要的。孩子们与小动物互动，还可以增强儿童的理解力和同情心。通过感受小动物的需求和情感可以让儿童更好地理解和同情他人的感受，这将有助于他们在成长过程中变得更富有同情心。另外，儿童在与小动物互动中，还可以提高孩子们的自信心和自尊心。领养小动物需要责任感和照顾的技能，成功地与小动物相处可以让儿童感到自豪，进而增强其自信心和自尊心。

总之，儿童参与萌宠乐园的情景互动体验，是一种有益身心健康的活动，有一定的疗愈作用，这个作用不仅对儿童的发展有益，同时对于萌宠动物也有保护和锻炼的效果。

七、案例的启发

（一）塑造儿童认同的户外空间

儿童认同的户外空间要以塑造自然化的整体环境为思考点。设计从植物种类与色彩的搭配、建筑形态与自然的融合、动物主题与景观的和谐等几个方面去营造儿童认同的户外空间。设计中使用木材、水、树木、沙地、石头等自然材质去营造户外空间。根据萌宠动物的种类和生活习性建立森林区、草原区、湖泊区和陆地区等。通过配置植物和塑造景观，让孩子们在乐园里体验七个大洲不同的地理特征。植物配置上园内应种植天然植物，搭配以自然样式为主，交叉混种，形成丰富的植物景观。树木种类选择适合本地种植的常绿针叶乔木、落叶针叶乔木、常绿阔叶乔木打造围合空间。在植物色彩上从儿童不同年龄段喜欢的色彩出发，选取不同植物的颜色和不同的观赏花营造氛围（表5-3-1）。

不同年龄段儿童对色彩的喜好　　表 5-3-1

年龄	喜欢的颜色	不喜欢的颜色
婴儿	黄色、白色、桃红色	蓝色、绿色、紫色
5～8岁	粉红色、紫红色、红色	白色、棕色、黑色
9～10岁	黄色、绿色、红色	灰色、浅绿色、棕色、黑色
11～12岁	黄色、绿色、红色、蓝色	紫色、橄榄绿色
13～14岁	黄色、橙黄色、浅蓝色	咖啡色、浅绿色

（来源：情景式康复设计课题组）

建筑和构筑物的形态也要和自然相融合，不能太突兀，破坏园内的整体氛围感。在设计时，建筑应该配合童话氛围的营造，建筑的外形应该区别于常规的建筑，可使用童话故事中常见的元素，如小木屋、小塔楼和儿童喜欢的食物如蛋糕等。建筑屋顶或者是立面的装饰上都可以夸张的设计手法，形成巨大的反差感与独特性，在材料上可使用不同纹理的木材，屋顶瓦片选用饱和度低的木色或是棕色等，能使建筑融合于自然中。园区内的构筑物的形态特征可以利用藤蔓，树枝和各种萌宠动物喜欢的食物为元素，在材料上可使用不锈钢或者水泥直塑，外喷木纹漆仿造自然造型。这类的构筑物造型独特吸引力强，满足功能的同时构筑物造型也能耐住长时间的风吹日晒。

（二）互动空间认同感设计策略

挖掘童话故事的情节，设计儿童与小动物互动的空间，将小动物拟人化，设置童话情景空间，让孩子们在童话故事里与拟人化的动物互动，建立友谊和认同感。孩子们去萌宠乐园，不是去一个动物园，而是去看望好朋友，从而增加孩子与动物的粘性，增加互动的深度。选择孩子们熟悉的故事，如龟兔赛跑、猴子捞月、小马过河、三只小猪等睡前故事作为互动空间的营建内容，孩子们从听故事到走进故事，满足了儿童的想象力，也激发了他们探索动物知识的兴趣。互动空间包括触摸、喂食、近距离观看和小动物一起比赛做游戏等环节，生动有趣的内容实现了孩子们对互动空间的认同。（图5-3-15）

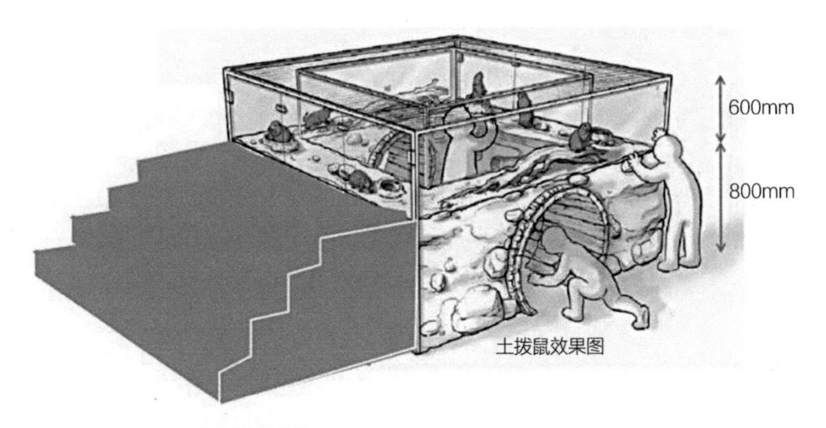

图5-3-15　互动空间设计意向图
（来源：情景式康复设计课题组）

在设计儿童与动物的互动空间时要考虑到儿童的身高及行为特征，展示区要有趣，可以从不同观看视角和高度思考，考虑儿童的不同观看形式，部分萌宠动物体形较小，可通过抬高展架的方式让儿童近距离观看。

（三）营造游戏化的科普空间

科普空间的塑造不能以单一的文字为主，这种科普方式不利于儿童学习。应该在儿童与动物游戏中满足儿童的求知欲，从而学到科普知识。营造这样的科普空间，当儿童学习行为得到满足，对知识的建立能让儿童发自内心去肯定在乐园的行为是有意义的，是区别于其他普通乐园所带来的感受的，从而去认同乐园。儿童与动物游戏互动的方式能够吸引儿童参与其中，很多动物园会树立“禁止投食”“禁止触摸”等警告标语，让儿童无法亲密接触动物。科普空间的设计可以与动物的特性和儿童的爱好结合起来，设计出趣味十足的互动方式，满足科普教育。（图5-3-16）

图5-3-16 多样性的情景互动空间
（来源：情景式康复设计课题组）

通过给小动物洗澡、梳理毛发、抚摸喂食等行为，孩子们能够感受到与小动物的亲密感和快乐的情感。这种亲密感来自于他们被允许照顾小动物，并与其建立了联系。对于很多小朋友来说，这种联系能够给他们带来陪伴和快乐，也可以教会他们如何照顾他人。同时，小朋友对小动物的关注和照顾有助于营造一种爱心和同理心，让他们对身边的事物更加敏感并积极关注，这些有价值的情感和品质可以帮助小朋友成长和发展。

第四节

叙事性情景疗愈景观设计

叙事性情景疗愈景观设计是一种通过营造情感、文化和认知体验来促进身心康复的一种新兴方法。这种新兴的疗愈模式提高康复效果，通过创造具有情感和认知体验的环境，激发参与者的自我认知和情感共鸣，有助于加快康复速度和提高康复效果。传统的康复设计通常重视实用性，忽略了康复效果与参与者体验之间的平衡，而叙事性情景疗愈景观设计考虑了康复者的感受和情感需求，为他们创造出了更加丰富、有意义的康复体验，提升了参与者的情感体验。叙事性情景式疗愈景观设计是一种创新的康复设计方法，它将人文主义思想和康复设计相结合，为探索康复设计的新思路和路径提供了一个新的方向。

在叙事性情景疗愈景观设计中，空间序列设计是以塑造良好的叙事情景体验为目标。在主题故事线的统领下，每条情景线索可以对应一个体验单元，也可以对应多个体验单元。体验单元是叙事情景线索的载体，可以独立表达主题情景下发生的故事，其空间序列的展开按照故事的开端、过渡、高潮、结尾的顺序逐步展开。故事的开端、过渡、高潮和结尾是叙事情景化设计的源泉，它们需要附着到具有实际功能的空间载体上才能最终实现情景化的呈现。从这个角度而言，故事的推进与空间序列的递进是同步展开的。

叙事性情景式疗愈设计基于情景体验的空间序列主要具有以下特征：第一，空间序列是在主题故事线的统领下串联形成的，主题故事线决定了空间序列的总体特征；第二，风格迥异的主题区由主流线串联成完整的空间序列，通过转译和介入强化情景体验，触发设计对象在空间序列上的运动；第三，在主流线确定的前提下，追求情景式康复设计空间序列的多样化组合体验；第四，体验单元空间序列按照单向流线布置原则，不走回头路，跟随情境线索同步表达和呈现。

叙事性情景疗愈体验设计，是一种借助景观设计来创造情感共鸣和认知体验的设计方法。叙事性情景疗愈体验设计的研究，具有增加空间意义的价值。通过景观设计带来的情感共鸣和认知体验，能够让人们重新审视和理解空间的意义和价值，这有助于营造更加生动和引人入胜的场景，并增加空间的美学和文化价值。叙事性情景疗愈设计助力身心健康和疗愈，景观设计可以通过色彩、材料和形式等手段搭建出特殊的情感环境，带来放松、愉悦等疗愈效果，对改善人们的情感和身体健康有一定帮助。因此，叙事性情景疗愈体验景观设计成了一种有效的身心健康疗法。在叙事性情景疗愈设计中，能够呈现出设计者和参与者一定的文化素养，景观设计中的叙事元素常常与文化相关，通过这种设计，能够将文化元素融入场景，提高人们的文化素养，同时也增加了场景的历史和文化价值。通过沉浸式的情景体验，人们可以更好地融入一个放松、愉悦、平静的环境，这将有助于缓解焦虑、压力、抑郁等负面情绪，进而改善健康状态，提升生活品质。沉浸式情景体验的疗愈设计可以创造各种愉悦的体验，让人们享受到自然、文化等领域的美好和奇妙，进而提升幸福感。叙事性情景体验的疗愈设计需要结合心理学、神经科学等学科的理论和实验研究成果，有助于推进这些学科的发展，同时还可以为其他领域的研究提供启示，情景体验主张人与自然和谐共生，提倡普及和推广这种理念，可以在一定情况下推动社会发展和人类文明的进步。

06

第六章

情景式艺术疗愈的精神认同感构建

第一节 概述

一、情景式艺术疗愈空间体验的概念

（一）空间体验的概念

在辞海中“体验”有两重含义，一是在实践中认识事物，即所谓的亲身经历、实地体会；二是通过亲身实践所获得的经验，强调收获性。在环境设计中的空间体验，是指人在不同的空间中所感受到的感官和心理上的体验。人们在特定的空间环境中所感受到的视觉、触觉、听觉和连接等方面的感受和体验，都是空间体验范畴。空间体验通常是综合性的，包括感知、情感和心理等多方面的因素。在一个空间中，人们可以感受到该空间的形状、色彩、光线、温度、声音等物理属性，同时也会受到该空间所代表的文化、历史和情感内涵的影响。

空间体验是由人与空间之间的互动所构成的，这些感受和体验不仅来自空间本身的设计，还与人类心理和生理因素有关。在设计和规划建筑、城市和景观时，空间体验的概念非常重要，因为它可以影响人们对环境的态度、情感和行为，从而影响其生活质量。人们对空间的体验与他们的文化背景、生活经历、个人情感状态和认知水平等因素密切相关。例如，某个人在童年时期曾经到过某个西班牙古城，被城市空间的窄巷、红色瓦片和阳台所深深吸引。而在后来的人生中，每当他遇到类似的城市空间，他就会感到身临其境，回忆起童年的经历，这种强烈的情感体验是从他的记忆和体验中得到的。空间体验是建筑、景观、城市规划等领域中的一个重要概念，空间元素也是空间体验的重要组成部分，包括造型、材质等。

（二）情景式设计空间体验的概念

情景式设计是一种以体验为导向的设计方法，旨在营造出与特定主题或场景相关的空间体验。在情景式设计中，空间体验是至关重要的因素，它可以帮助创造出令人难忘的、细致入微的体验，使人们在其中沉浸、参与和互动。空间体验在情景式设计中通常指的是人在该空间中所感受到的情感和心理上的体验。这种体验是与设计的主题和情境相关的，可以通过空间布局、材料使用、灯光设置、音乐、情境等因素共同创造出来。例如，在一个童话故事的主题公园中，设计者可以运用特定的色彩、材料、音乐、故事情节等因素，创造出与主题相关的感觉和情趣，让游客在其中体验到童话般的奇妙感受。在情景式设计中，空间体验是通过仔细地考虑人的行为、情感、认知和感官需求来实现的，设计者需要充分地考虑到参与者的感受和反应，以营造出更加自然、舒适和愉悦的空间体验。

（三）情景式艺术疗愈空间体验的概念

情景式艺术疗愈空间体验是指在创造出具有艺术审美和疗愈功能的空间中，通过创造、设计、营造一种特殊的情境和环境氛围，促进人们身心的放松、平衡和愉悦感。人们通过感官体验、情感交流和内心沉淀，达到身心放松、压力缓解和情感疏导的效果。这种空间体验是通过流动性的艺术元素、独特的设计理念以及综合的环境氛围来实现的，旨在创造更加舒适和美好的空间环境，让人们在其中感受到一种特殊的情感共鸣，从而实现情感的调节和疗愈效果。通过情景式艺术疗愈空间体验，人们可以进入一种放松和愉悦的氛围，不仅能促进身心健康和心理疗愈，同时也是设计师实现艺术疗愈的关键因素之一。

情景式艺术疗愈空间体验的特点包括：

第一，空间感知。人的视觉、听觉、嗅觉、触觉等感官的感知是空间体验的基础，不同的感受方式和空间元素的配合可以形成不同的空间体验。将艺术审美与疗愈功能结合，通过综合的设计理念和多样化的艺术元素，营造令人愉悦、放松、平衡的环境。

第二，情境营造。通过精心设计的覆盖物、光线、色彩、音乐等手段，创造出特殊的艺术氛围，来引导人们进入一种特定的情境，从而促进人们放松和心理疗愈。将自然、文化、艺术等元素自然融合，营造出充满静谧、平衡、和谐的环境，为人们带来愉悦的体验和治愈的效果。

第三，心理沟通。通过空间元素和人们的互动、视觉语言和物质符号，向人们传播一种情感语言，从而与观众之间形成情感共鸣和联系。根据人们不同的需求、情感状态、文化背景等，提供个性化的设计和服务，满足不同人群的需求。通过人们的亲身体验和参与感，帮助人们降低焦虑、压力、恐惧等负面情绪，提升身心健康和幸福感。

在情景式艺术疗愈空间中可以通过感受艺术性减轻工作压力。艺术疗愈空间中通常会展示一些优美的艺术品，观赏这些艺术品可以让人放松心情，缓解焦虑和压力。融入自然元素，如绿植、流水、光线等，这些元素可以让人感受到自然的美好，缓解压力和疲劳，感受自然元素。可以播放轻柔舒缓的音乐，在音乐体验中放松身心，缓解工作压力和疲劳。情景式艺术疗愈空间中还可以设置一些艺术创作的工具和材料，人们参与艺术创作，释放自我，减轻工作压力。这些方式不仅可以感受艺术性，还能让人们得到疗愈，舒缓身心，缓解工作压力。

情景式艺术疗愈空间的应用范围非常广泛，可以运用在不同领域，包括医疗领域：在医院、诊所、护理机构等医疗机构中使用情景式艺术疗愈空间，帮助患者减轻病痛，缓解紧张和焦虑，促进康复；教育领域：在学校、幼儿园、图书馆等教育机构中使用情景式艺术疗愈空间，帮助学生在学习过程中放松心情，改善学习效果；办公场所：在工作场所中使用情景式艺术疗愈空间，帮助员工减轻工作压力，提高工作效率和创造力；社区设施：在公园、休闲中心、社区公共场所中使用情景式艺术疗愈空间，提供社区居民放松身心的场所；酒店和旅游业：在酒店、旅店等旅游场所中使用情景式艺术疗愈空间，为旅客提供更好的旅行体验，帮助他们放松心情，减轻旅行疲劳；商业空间：通过给商业空间添加情景式艺术疗愈空间，创造出令人愉悦、放松、平衡的空间氛围，提升客户体验，从而增强客户对品牌的认知和好感，商业空间中的情景式艺术疗愈空间可以通过艺术、设计等手段塑造独特的品牌形象，从而在客户心中建立起一种独特的品牌印象，提升品牌认知度和品牌价值。总之，情景式艺术疗愈空间可以应用到各种不同领域，为人们提供疗愈、放松、愉悦的体验。

（四）三者的共同性与差异性

1. 共同性

空间体验、情景式设计空间体验和情景式艺术疗愈空间体验，三者都是从空间环境和体验的角度出发，运用艺术、设计、心理学等知识，通过创造特殊的情境和环境氛围，提供具有强烈心理感受的体验方法。它们共同的特点主要包括：

第一，向人们提供温馨、放松、安静的体验。无论是在常规环境、情景式设计环境还是艺术疗愈空间中，人们的感受都是由空间的氛围、布局、色彩、照明等因素综合决定的。空间的布局和设计会影响人的感知和情绪，因此通过艺术、设计、心理学等手段，可以营造出具有疗愈、放松、平衡的环境，为人们提供身心愉悦的体验。

第二，科技与自然元素的运用能够丰富人们的空间体验。运用艺术、创意和创新元素，可以提供更加丰富的感知和经验，增加人们对空间的亲和性和归属感。通过艺术、设计等手段创造出非传统、独特的环境和情境，可以引领人们进入一种全新、有趣的体验境界，以达到创新、创造性的目的。

第三，空间中的人际互动和共同体验同样重要。在所有类型的空间中，人与人之间的交流和互动，以及人们在共同体验中形成的情感都是重要的元素。在创造空间体验的环境和情境中，都着眼于观众的主体性，即要求观众尽可能地通过自身的感知、体验和沉淀来感受这种环境和情境，从中提高自我意识和认知能力，强调观众的主体性。

在情景式设计空间中，通过艺术装置营造出特殊的环境体验。这种手法通过设置特别的艺术装置或装饰品，可以让人们感受到不同寻常的、与众不同的氛围，以达到放松心情、减轻压力、提高幸福感的效果，实现艺术疗愈的目的。色彩和光线是情感的载体，通过巧妙地运用色彩和光线的手法，可以营造出一种温馨、舒适的环境氛围，从而带来愉悦和平静的感受，提高人的情绪和心理健康水平。艺术是一种无声的情感传递，通过将艺术线索融入空间当中，可以让人们更好地感受到自身与环境的存在感，引导人们感知个体和世界的关系，增强对生活的信心和认知。在情景式空间中还可以进行音乐、舞蹈等文艺形式的互动，让人们在音乐、舞蹈中释放压力，感受身心愉悦和放松，通过音乐、舞蹈的表达，让人们释放压力、情感通达。总之，人们的空间体验受到多种元素的影响，在空间体验、情景式设计空间体验和情景式艺术疗愈空间体验中，空间的布局、设计、科技元素以及人际互动等多个方面都会影响其感知和情绪，三者之间不仅共享相似点，而且经常互为重叠，从而带给人们丰富多样的精神体验。

2. 差异性

人的空间体验通常受到空间布局、建筑样式、色彩、灯光、氛围等因素的影响。通常情况下，人们的空间感受主要是由设计师的设计和建筑师的布局来决定的。在情景式设计环境中，人们的空间感受也受到设计师的设计和布局的影响。不同之处在于情景式设计环境不仅考虑了空间的布局和建筑风格，还注重布置不同的场景和元素，比如植物、家具、装饰品等，以营造出更具特色和氛围的环境。空间体验、情景式设计中空间体验和情景式艺术疗愈空间体验虽然有相似之处，但它们之间也存在一些差异。

第一，营造目的不同。空间体验和情景式设计中空间体验主要是为了创造出具有观赏性、体验性和互动性的空间环境，从而提供愉悦、舒适的感受。而情景式艺术疗愈空间体验则强调通过特定的心理和身体治疗手段，创造出具有疗愈功能的空间，帮助人们释放压力、缓解痛苦、促进身心健康。

第二，设计手段不同。空间体验和情景式设计中空间体验的设计手段主要是通过空间构造、布局、装饰、灯光、音乐等各种元素来创造出特定的空间氛围和体验感受；而情景式艺术疗愈空间体验则除了采用这些设计手段外，还需要经过专业心理学或身体治疗的知识来设计，以达到特定的治疗效果。

第三，设计受众不同。空间体验和情景式设计中空间体验的设计受众是广泛的，如展览观众、游客、商店顾客等人群，而情景式艺术疗愈空间体验对艺术有较高欣赏力和品位的人群、需要寻求灵感和创造力的人群、希望能够在治疗中获得更多精神满足的人群、希望获得更好的视觉体验的人群等有更高的吸引力。情景式艺术疗愈空间中的艺术性特点不仅可以提供美学上的享受，还可以帮助人们缓解压力、减少焦虑，为他们提供一个舒适、放松的环境，从而促进身心健康，让人们感受到更多的平静与安宁。同时，这种设计也可以吸引更多的人前来参观和体验，提高公众的关注度和认知度。

综上所述，虽然空间体验、情景式设计中空间体验和情景式艺术疗愈空间体验有共同点，但其目的、设计手段和设计受众存在较大差异。

二、精神认同感的概念及影响

（一）精神认同感概念

精神认同感是指一个人在特定场合下，对自身与所处环境之间的一种内在感受，即个体对于自身和他人，在心理上和情感上的认同和接受程度。精神认同感是一个人认识自我、与自己相处并接受自己的程度。它是一个人意识中对自身身份、角色和成就感的经验和评价。精神认同感能够塑造一个人的价值观、行为模式以及人际关系。它还能够影响一个人的情感、心理和社会适应能力，从而对个人的生活品质和幸福感产生深远的影响。

精神认同感包括个人对于自身的认同、对某个群体或社会文化的认同以及对个人之间的人际关系的认同等方面。在心理学中，精神认同感是一个重要的概念，它与个人的自我价值感、幸福感和满足感等密切相关。它是人们基于其文化、历史、社会背景、性格等各种因素，对自己身份认同的一种内在体验。精神认同感可以从个人和群体两个层面来理解。在个人层面上，精神认同感是个体对自我价值的一种认同感，与人们对自身性格、信仰、文化习俗等的认同紧密相关。精神认同感通过个人的价值观、信仰、意识形态、性格特点、文化传统等不同因素来塑造。在群体层面上，精神认同感是指某群体在共同的历史与文化背景等各种因素下，对团体归属和使命的感受与体现。精神认同感在许多方面都有重要作用，比如形成个体的身份认同、增强人员流动性、增加群体凝聚力等。精神认同感是人类社会复杂关系的一个重要组成部分，可以影响人们的思想行为、决策和社会交往方式。

（二）对情景式艺术疗愈设计的影响

精神认同感在空间设计中起到非常重要的作用。如果一个空间的设计能够引起人们的精神认同感，那么它就能够满足人们对于自我确认和社会认可的需求，让人们产生满足感、归属感和自信心。在这样的空间中，人们会感到舒适、放松且愉悦，这也能够促进人们的创造力和生产效率。一个充满精神认同感的空间设计能够更好地满足人们的心理需求，帮助他们建立自我形象，塑造自我价值观，从而促进健康的发展和成长。因此，在空间设计中，我们需要考虑人们对于空间的情感和认知，以便创造出受人欢迎的空间设计。

情景式艺术疗愈空间是为了以各种形式的艺术创作和体验来刺激人的感官、情感和认知而设计的空间，其目的是为了促进人的身体和心理健康。在情景式艺术疗愈空间的设计中，精神认同感体现在多方面，包括空间的主题、材质、色彩、灯光、音乐等，这些元素都需要满足人们的心理需求，以创造出安全、舒适、真实、有意义感的体验。空间设计需要考虑到目标用户的需求和喜好，并尽可能地提供个性化、多样化的选择，从而让人们感到自我认同和积极体验。在一个具有精神认同感的情景式艺术疗愈空间中，人们可以得到最大化的放松和修复，从而促进自我成长、提高心理和身体的健康水平。

（三）情景式艺术疗愈策略在空间体验中的精神认同感

情景式艺术疗愈是一种运用艺术、音乐、戏剧等多种形式的艺术治疗方法，它提供了各种各样的创作和体验方式，可以满足不同人的需求和偏好，增强个体之间的联系和群体之间的凝聚力，具有多样性的特征。情景式艺术疗愈鼓励人们表达自己的情感和想法，通过创意和想象力来进行艺术创作，促进人们创新思维的发展，提高个体的创造力和想象力，促进创新思维的产生。通过探索自己的内心世界，可以提高个体的自我意识和自我价值感，使人们更加清晰地认识自己，提高自信心和自尊心，提高个体自我意识。情景式艺术疗愈可以通过艺术和身体的感觉体验来增强身心健康，缓解身心压力和焦虑，提高幸福感和生活质量，达到促进身心健康的目的。因此，情景式艺术疗愈的方法可以在空间中帮助个体体验到精神认同感，满足个体的需求和提高身心健康。（图6-1-1）

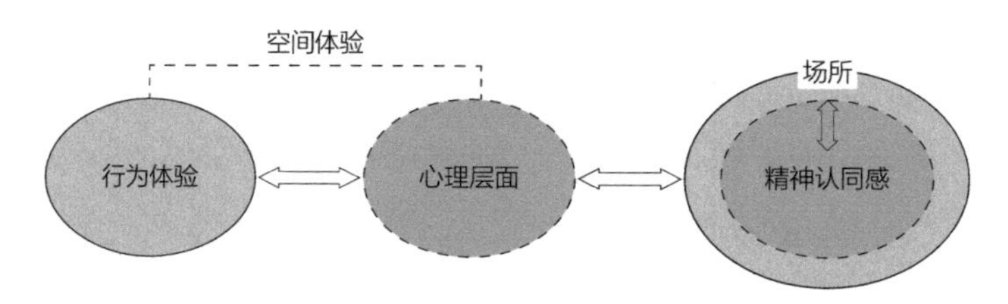

图6-1-1　行为、心理和空间的关系

使用情景式艺术疗愈策略在空间中体验精神认同感有以下几个价值：

第一，增强归属感。情景式艺术疗愈在空间体验中能够增强归属感，主要是因为艺术疗愈能够协助人们在一起创造艺术作品，促进彼此的交流，建立情感和关系，因此增加了归属感。在情景式艺术疗愈中，参与者需要通过创作或表演与他人进行互动和交流，这样参与者就能够了解他人、感受到他人的支持，从而建立起亲密感、信任感和彼此之间的关联。在这样的空间中，艺术作品成为联系人们的媒介，参与者们共同创造的艺术作品将各自的想法、情感和体验融为一体，从而建立了一种集体的身份和联系，创造建立联系的空间，增强了归属感。在参与艺术疗愈的过程中，人们形成一个相互支持和协作的共同体，这种集体感和互相支持的感觉会让参与者感到归属感，从而促进更深层次的连接和合作。

第二，提升自我价值感。情景式艺术疗愈策略可以通过艺术创作来帮助参与者发现自己的价值，在认同他人的同时也得到他人的认同，促进自我肯定感的提升，从而提高自我价值感。在艺术疗愈的空间体验中，良好的氛围和积极鼓励可以让参与者产生积极向上的感受，通过接受正面的反馈和鼓励，促进个体获得成就感，从而增强自信心和自我价值感。

第三，促进情感交流。情景式艺术疗愈空间提供了一个安全舒适、信任的环境，参与者可以自由表达情感，分享彼此的经验和观点，通过情感交流进一步增强彼此之间的认同感。情景式艺术疗愈使用艺术媒介来促进情感交流，艺术创作可以是参与者表达情感和想法的媒介，帮助媒介与情感或经验建立联系，并在情感表达上进行交流。通过提供舒适、放松、温馨的情景式艺术疗愈环境，参与者将更容易敞开心扉表达自己感受，加强情感交流的效果。

第四，促进创新性和创造力。艺术创作是情景式艺术疗愈策略的核心之一，通过艺术创作，参与者能够发挥自己的想象力、创造力和创新能力，不仅能够创造出自己所独有的艺术作品，更能够帮助其在生活中更具创意和革新性。在情景式艺术疗愈的空间中，提供安全的环境，让参与者在没有压力和评判的环境下欣赏、享受艺术的氛围，让自己感到探索和尝试的自由，可以激发他们的创造力和创新精神。艺术疗愈以创造力为目标，通过不同的创作和表达方式来开发参与者的创造性思维，包括观察视角的改变、对熟悉事物的重新审视、通过案例分析找出新的方法等多种技巧，实现训练创造性思维的目的。

第二节

构建情景式艺术疗愈空间的精神认同感

一、获得空间体验的设计原则

（一）获得空间体验的一般设计原则

空间体验的通常性设计原则包括几个方面。包容性设计原则：在设计时应该充分考虑不同人群的需求和特点，尽量让各种人群都能够在空间中有舒适感和体验感。设计时应该充分考虑通行的无障碍性、室内气氛的安静性、舒适度、房间之间的互联性等。互动性设计原则：在空间中设置各种可以互动的设施和活动，如玩具、音乐、电影、游戏等，将空间设计得趣味性十足，这样，参与者就可以在参观中感受到乐趣，激发兴趣并增强互动的效果。引导性设计原则：设计时应该运用视觉和声音等方式来引导人们的注意力，营造一定的文化氛围，例如使用各种便于记忆的符号、清晰明了的指示标志以及快节奏、有节奏的音乐来营造愉悦的氛围。这样可以让人们更好地理解和体验空间。人性化设计原则：在设计时应该尊重人的感官和情感，比如创建舒适的座位、提供恰当温度的环境、调和光线和色彩。这样可以增加人的体验和满足感，使得人们愿意留在空间中更长的时间，充分享受经验和氛围。

（二）情景式艺术疗愈的空间体验设计原则

艺术疗愈设计手法可以为人们创造出舒适宁静的环境，有助于缓解压力、焦虑和情绪困扰，提高身心健康水平。在情景空间中引入艺术疗愈设计手法，可以为观者提供精神抚慰、心灵慰藉，创造出具有舒适愉悦感的氛围。同时，艺术疗愈设计手法能够促进人们的创造力和想象力，为欣赏者提供启示和启发。在商业和医疗环境中，引入艺术疗愈设计手法也能够提升品牌的形象和信誉，为用户提供更相关且富有情感的服务。

情景式艺术疗愈的空间体验设计策略包括以下几个方面：

1. 提供温馨舒适的空间环境

为了营造温馨舒适的氛围，空间应该具有无障碍性、舒适度、安静性、良好的通风环境和充足的自然光线。此外，可以选择柔和的色彩、柔软的材质、舒适的家具和细节设计等，营造出舒适、愉悦的室内环境，让参与者放松身心，感受到艺术疗愈带来的放松和愉悦。

2. 设置可参与的艺术作品和方式

在情景式艺术疗愈的空间设计中，艺术品的类型选择和装饰方式非常重要，选用的艺术品应该能够带给人们愉悦、温暖和力量，启迪自我心灵建设的情感和理念。在空间中放置装置艺术、摆件等参与式的艺术作品，让观众成为作品的一部分，可以深入地参与其中，进行主动探索，提高人们的空间体验感。比如，可以将一面墙转化为一个可以与观众互动的作品。观众可以在墙上绘画、写字或者贴上照片等，这样他们就能够在这个空间中留下自己的痕迹，从而更深入地参与其中；设置同步类的互动装置，这种艺术作品利用互动装置和技术与观众进行交互，观众可以通过行动或说话等方式，对作品中的元素进行控制和改变，增强观众的参与感和探索空间的主动性；通过拼图组合这种类型的艺术作品，可以将一个大的作品分解为许多小的部分，观众可以自由组合这些部分，使得每个人在该空间中都具有一种定制化的空间体验感受；雕塑或立体浮雕的艺术形式，可以在空间中创建有质感的景象，它可以通过利用光线和投影将空间变得更加逼真和丰富。这样的艺术作品可以大大增强参与者的感知和沉浸感，让人们更好地感受到和探索空间的特殊性。通过这些方式，参与式艺术作品可以为人们提供独特的空间体验，让观众更加主动地探索和感受空间。

3. 布局不同需求的空间体验

情景式艺术疗愈中可根据不同群体，设计不同的空间来满足不同的需求。布局温馨、舒适和私密的空间，可以提供一个放松和适应性佳的环境，减少压力和焦虑感；布局开放式、充满创意和鼓舞人心的空间，可以激发人们对艺术的兴趣和热情，培养积极向上的态度；布局激励人心、高度专业性的空间，可以让人保持良好的状态，保持乐观心态，积极地应对生活的挑战。采用艺术介入的方法可以用来布局不同需求群体的空间体验。在自然环境或人造环境中，通过艺术的手段将自然元素和人造元素进行巧妙的融合，创造出平衡和谐的空间体验，营造自然与人造的平衡。可以通过使用柔和的色彩、纹理和造型，利用软装以及鲜花和植物布置等方式，创造一个舒适、宁静的空间氛围，利用形式和材料来打造安静空间。设置雕塑等装置作品与建筑物进行组合，使其成为空间的一部分，展现出空间的艺术性和重要性。还可以挑选符合不同主题和环境的绘画或浮雕，在空间中展示出艺术性和个性化的特点，形成独特的空间魅力。利用灯光打造氛围感也是体现不同空间体验的方法，选择不同的灯光颜色和亮度等，创造出舒适和温馨的氛围，能够凸显空间的各种特点和风格。

4. 可变性的空间布局设计

在情景式艺术疗愈设计的过程中，需要考虑到多种不同的需求和情境，例如会议、治疗、讲座、娱乐等。因此，空间的设计应该具备一定的可变性，可以根据需求和情境进行灵活的布置和调整，让参与者获得更加适宜的空间感受。使用动态装置布局可变的空间，通过安装可移动的艺术装置，打造出一个灵活、可变化的空间布局。这些装置可以根据需要移动、调整和组合，以满足不同的使用需求。也可以运用一定的艺术手段，创造出多样性的功能空间，如使用绘画屏风、玻璃隔断等方式将空间隔开，以满足多种欣赏者不同的使用需求，并根据需要改变形状和空间布局。将自然元素纳入空间设计，采用垂直绿化、跌水景观等极富活力的、可生长的景观方式，塑造可变空间设计，是打造可变性空间布局的重要方法之一。

二、提升精神认同感的设计方法

提升空间环境中的精神认同感，能够促进人们对空间的认同。当人们在一个空间中感到归属感和认同感，他们对这个空间的认同感会更强，从而更愿意在这个空间中停留。通过提升空间环境中的精神认同感，人们会体验到更多积极、愉悦和兴奋的情感，让他们更愿意回到这个空间，从而产生积极的情感和态度。

在环境设计中，提升精神认同感最常见的设计方法包括以下几种：

1. 融入自然元素：将自然元素融入设计，如植物、树木、水体等，使环境更加自然和舒适，让用户感到放松和愉悦。

2. 利用光线：设计师可以利用自然光源或人工光源创造一种舒适、柔和的氛围，使用户感到更加放松和舒适。

3. 运用音乐：在环境中播放轻柔、愉悦的音乐，可以使用户感到放松和愉悦。在不同的活动场景下使用不同的音乐类型可以有效提升用户的情感体验。

4. 设计具有地区特色的元素：在环境设计中融入当地的文化、历史和传统元素，可以让用户感到更加亲近和熟悉，提高精神认同感和归属感。

5. 创造有序和整洁的环境：创造一个整洁、有序的环境，可以让用户感受到舒适、安心、放松和愉悦，提高精神认同感。

三、塑造情景式艺术疗愈空间的精神认同感的策略

情景式艺术疗愈是一种结合情境、视觉艺术以及心理健康的治疗方法。它通过创造一个特定的环境，利用自然和艺术元素，以及使用音乐和色彩等创意手段，来帮助人们缓解精神压力和焦虑，增强情感安全感和抗逆性，提高身体和心理健康。情景式艺术疗愈的设计原则是创造一个安全、愉悦且舒适的环境，以影响个体的情感、思维和认知。这种疗愈方法常常应用于抑郁症、焦虑症、创伤后应激障碍等心理疾病以及一些身体方面的问题，例如疼痛、失眠和高血压等。运用艺术元素可以帮助参与者获得精神认同感，从而提高减压效果。采用情景式艺术疗愈提升精神认同感需要考虑以下几个方面：

（一）考虑不同群体的需求

不同群体对艺术形式和环境的需求是不同的，在设计和选择情景式艺术形式时，需要考虑到不同用户群体的需求和喜好，注重人性化设计。在设计中考虑使用者的需求和利益，且空间设计应能维护人类行为的自由与尊严。这能增加整个空间对使用者的吸引力和认同感。在设计中确保参与者能够表达自我个性，以便观众能够在空间中有较强的归属感。设计时应考虑到观赏者的个性化体验，满足需求并让他们感到被重视。

（二）设计与身份认同相关的符号

设计师可以在空间中使用一些符号，比如标志、字体、颜色、图案等，这些符号能让人们产生认同感和归属感，确保设计具有更高的可识别性，这使得用户更容易理解并记忆产品，并迅速识别出其他方面设计相似但并不相同的功能，而不会错过任何有用的信息。在设计空间时应该考虑到用户的需求，以便为用户提供一个个人化的环境体验。不同用户需要的精神认同感是不同的，在设计过程中应考虑到不同用户的需求差异。

（三）运用色彩心理学

色彩可以帮助创造出积极、舒适的环境，并对患者的情绪产生影响。在康复空间中，可以利用柔和

的、自然的色彩，如浅蓝色、绿色、米色等，营造出平和、安静的氛围。运用色彩心理学，选择合适的色彩搭配，设计让人感到平静、愉悦和安心的疗愈环境，使参与者感到舒适和放松。

（四）取灵感于文化场景

从当地文化场景中借鉴灵感，创造具有地域特色的环境，突出空间特色，使观赏者感到亲近和熟悉。艺术作品需要与空间环境相协调，凸显空间特色，如空间的用途、历史遗迹等。设计师可以在空间设计中融入本地文化和当地历史，鼓励就地取材，强调本土特色，共同的文化底蕴更能让人们产生认同感。在设计中，依据当地文化背景，创建与当地特色相符的氛围，这对于帮助参与者融入当地文化，建立身份认同感有重要的作用。

（五）利用艺术元素创造情感共鸣

通过利用绘画、雕塑、音乐、影像、气味、风景等艺术元素，创造出令人愉悦、放松的情景，帮助使用者欣赏美丽的艺术，并产生情感共鸣，从而提高情绪和精神层面的体验。艺术品也可以是一些激发回忆、情感的主题艺术品，帮助康复者回忆起美好的时光。

（六）注重艺术作品与环境的协调性

艺术形式的设计不仅要考虑美感，还要考虑其与空间环境的协调性。如在墙面上使用壁画、浮雕等艺术元素，可以创造出与众不同的氛围，来刺激参与者的视觉体验，从而帮助他们放松身心，更好地融入康复环境。通过这些艺术元素的运用，可以帮助他们获得精神认同感，建立对社交环境的信任感和积极情绪，从而进一步促进康复治疗的效果。

（七）提供互动与参与感

艺术作品应该具备创造性、互动性和启发性，以便能够吸引人们产生思考和交流的情感认同，疗愈空间中选择的艺术作品，能够吸引观众的注意，确保艺术作品能够引发讨论与交流。在设计中也可以融入互动元素，比如墙上贴有留言板，让使用者能与其他人共同参与，增加使用者的积极性和认同感。参与的同时增强可信度，确保设计是可靠、准确和无误的，保证观众的隐私和安全，增强参与者对于互动和参与行为的信任，从而提升他们的精神认同感。

（八）创造情境体验

设计师应该创造一个感同身受的情境体验，借助合适的材料、色彩和灯光等因素搭配布置，营造出独具特色的氛围。空气质量、室内温度、噪声等都会影响使用者的舒适感，提供一个舒适的使用环境，能让使用者感到更自在，增加使用者对空间的认同感。可以增加情感联系，增加个人化、自然和情感联系，如配色、音频、呈现等，让使用者感到亲切和情感联系。还要提供情感支持，鼓励康复者积极参与康复活动，增强其实现康复目标的信心和意愿。通过心理上的支持和鼓励，可以培养康复者的自我治愈能力。情景式康复空间体验设计是一项复杂而细致的工作，需要充分了解康复者的需求和疾病特点，确定合适的空间设计，以增强使用者的精神认同感，提高康复效果。

（九）强调共同体意识

通过互动艺术创造共同体感，比如搭建一个收集人们思考和感性体验的物品或工具。通过对人们的生活经历进行反思和整合，增强参与者之间的互动和合作，从而达到共同体效应，增加人们对环境空间的认同感。疗愈空间注重与他人建立联系的愿望、积极性和责任感，鼓励增强共同体意识的活动，例如聚会、公共活动、户外康复活动等，以帮助参与者建立更强的社会认同感。创建交互社区并与参与者进行互动，鼓励康复者分享自己的经验和知识，从而让他们感到自己是一个社区的有价值的一部分。这些策略可以根据不同场合和需求进行选取组合，从而达到提高精神认同感的目的。

情景式艺术疗愈空间的设计可以提高用户的幸福感，让参与者在感受舒适的情况下更好地放松和愉悦。精神认同感是人们对环境感受的积极反馈，情景式艺术疗愈空间的设计可以增强康复者对环境的满意度，提高参与的体验感受。通过自然、艺术和音乐等元素，创造一个舒适和放松的环境，从而降低康复者的焦虑和压力，促进身心健康，同时融入当地的文化元素，增强环境的人文氛围，让人们感受到当地文化的特色和情感联系。

第三节

实践案例：商业情景中的艺术疗愈设计实践

一、商业情景中的艺术疗愈设计策略

人们在商业情景中获得精神认同感，一个良好设计的艺术疗愈空间是非常关键的。首先需要营造一个独特的氛围。通过选择有差异化的艺术装置、声音、灯光、自然元素等创造独特的氛围，让顾客在空间内感到自然、放松、舒适。然后是需要提供顾客参与互动的机会。人们通常渴望在生活中与他人互动，增强联系，所以设计艺术疗愈空间时提供多个参与互动的机会，会很好地提高顾客的精神认同感。另外就是提供契合参与者的体验内容和项目。艺术疗愈空间的体验项目应当根据目标用户的口味、兴趣、其他明确的特征，进行精心的设计，以确保参与者可以感觉到与自己相关的项目。还要提供清晰的方向和指导，也是很重要的设计内容。艺术疗愈空间需要提供清晰的方向和指导，以帮助参与者在空间内游走并顺利地进行各种体验，错综复杂的购物流线会让人疲惫，难以获得精神认同。最后是提供令人难忘的体验。一个成功的艺术疗愈空间需要提供令人难忘的体验，使参与者从中获得惊喜和愉悦的感觉，在这样的充满创意和惊喜的情景空间中，将会获得更多群体的精神认同感。

二、商业情景中艺术疗愈设计的问题与挑战

（一）问题

将商业空间设计成为艺术疗愈空间，把商品和艺术品一起陈列，可能会面临很多问题，首当其冲的便是功能性问题。商业空间通常需要考虑商品展示和销售等功能，而将其设计成艺术疗愈空间可能会影响到其功能性，比如过于追求艺术气息可能会让顾客迷失在艺术氛围中，从而忽视了商品本身。其次就是商品与艺术品的协调问题。商品和艺术品在风格、色彩、大小等方面可能存在差异，因此怎样将它们协调地、统一地放在一个空间中展示，是一个问题；空间布局也是一个问题。商业空间设计通常需要考虑足够的空间容纳展示和销售商品，而将其设计为艺术疗愈空间可能需要更多的展示面积和互动空间，那么商品的展示面积会受到一定程度的影响，如何能满足两者的需求，也就对空间布局提出了更高的要求。再次就是风险管理问题。艺术品通常比商品更易受到破坏或有被盗窃的风险，因此需要采取相应的措施来保护艺术品的安全。最后是受众群体的问题，商业空间通常需要满足不同年龄、职业、收入等方面的受众群体需求，而艺术疗愈空间通常更倾向于特定群体的需求，因此需要考虑如何平衡两者之间的关系。而且要想真正达到艺术疗愈的效果，需要商业空间的设计不仅是为了商品销售，还需要注重艺术的精神和价值，才能让顾客深刻感受到艺术的魅力。

（二）挑战

将商业空间设计成为像美术馆一样的空间，让人们在选购商品的同时也能欣赏艺术作品，是艺术疗愈的一种方式。因为艺术疗愈是通过艺术作品的观赏和体验来缓解人们的压力和情绪问题，让人们感受更多的美好和愉悦。当人们在商业空间欣赏艺术作品时，可以暂时忘记自己的烦恼和事务，从而让身心得到放松和宁静。更重要的是，商业空间的艺术设计可能会启发顾客的灵感和创意，让顾客产生一种更加积极的情绪和体验。商业空间的设计考虑的主要是商业需求，即如何增加销售和提高顾客体验。如果只是将商业空间设计成纯粹的艺术疗愈空间，很难获得长久的支持和回报，因此需要兼顾艺术观赏和商业需求，在两者之间做出平衡。商业空间往往有自己的设计风格和品牌形象，需要将艺术介入和商业品牌保持风格的统一性，以免让顾客感到困惑和不适。

（三）价值

商业空间通常比美术馆更加开放和自由，没有门票和时间等限制因素，可以让更多的人有机会且便利地进入商业空间进行购物和观赏，因此商业空间比美术馆更具亲和力。相对于美术馆主要是展示和欣赏艺术品的特征，商业空间具有开放、目的明确、多功能等特点，因此商业空间比美术馆更容易让人接近。那么，在商业情景中注入更多的艺术空间设计，加入艺术品展示，将更加有利于人们进入和参与，并通过观赏和体验艺术作品来缓解压力和释放情绪。

将艺术疗愈运用于商业情景空间的设计，可以提升顾客的体验感。通过艺术疗愈的形式，可以为顾客提供更加舒适和愉悦的环境，让空间更加富有生活情趣，人们在购物的同时也能感受到艺术和美学的魅力，提升生活品质，从而提高顾客的满意度和忠诚度。人们经常处于高压的状态，因此而感到焦虑和压力，艺术疗愈可以促进身心健康。通过艺术疗愈让人们在商业情景空间中得到更好的放松和恢复。通过灯光、音乐、装置和柔和的颜色等元素创造舒适、宁静的环境，帮助顾客缓解压力和焦虑。在商业情景空间中，通过增加文化内涵主题和艺术疗愈元素，让环境变得更加高雅和舒适，给顾客留下美好的印象，让参与者感受到企业的人文关怀和责任感，从而提高品牌的知名度和号召力，促进品牌与顾客的黏性，增加好感度和购买力。

三、确定具体设计目标

（一）场地和品牌情况

场地位于最具重庆特色的CBD渝中区，距离重庆代表性构筑物——“人民解放纪念碑”仅50m，是解放碑步行街上最重要的商铺之一。商铺分为两层，一层面积450m^2，二层面积1050m^2。项目场地为眼镜店，品牌千叶眼镜成立于1992年，目前已拥有300多家连锁店，1000多名员工，销售网络遍及重庆、北京、四川、贵州、湖南、湖北、山东、甘肃、黑龙江、吉林、内蒙古等地区。

（二）实现具体设计目标

在20世纪90年代，眼镜店主要的功能是提供眼镜的销售和修理服务，而如今的眼镜店则更注重品牌和客户体验。通过加入艺术元素，可以吸引更多年轻和有品位的客户，从而将老旧的眼镜店改造为现代的具有艺术疗愈功能的商业形式。因此在设计目标上，重新定位了千叶眼镜新的品牌形象，强调创造独特、有趣、引人入胜的空间体验，使顾客能够沉浸在一个充满戏剧性、艺术性、科技感等多重元素的全新世界中，打造将时尚、艺术和科技融合在一起的新一代中国眼镜品牌。千叶眼镜将建立一种不同寻常的品牌形象，以艺术性元素融入他们的产品设计和店铺装修中，创造独特的、多维度的消费体验，在惊艳的艺术装置中展示千叶的产品，吸引年轻消费者和时尚潮人。通过店铺独特的主题和装置艺术，释放别具一格的艺术气息，创造截然不同的购物体验，希望在竞争激烈的眼镜市场中脱颖而出，逐渐发展成为一个备受认可和推崇的全球品牌。（图6-3-1）

（a）改造前　　（b）改造后

图6-3-1　千叶眼镜店铺改造前后外立面对比
（来源：情景式康复设计课题组）

四、确定具体设计策略

（一）像美术馆一样布局流线

将老旧的眼镜店改造成为像美术馆一样的场所，调整交通流线的布局很有必要。把顾客挑选商品的路线和参观艺术品的流线合并起来，有助于提高顾客的体验感和商品的销售量。顾客可以在浏览艺术品的过程中，发现他们想要购买的眼镜或配饰，这种一体化的体验加强了顾客与品牌之间的联系，可以提高他们对品牌的忠诚度。当顾客在一边看眼镜一边欣赏艺术品的同时，能够有更多的时间停留在眼镜的风格和材质上，而不是匆忙浏览，简单决定。因此，将挑选商品路线与美术馆参观流线合并，顾客在欣赏艺术品的同时挑选商品，眼镜店进阶成为可以让身体放松心情愉悦的美术馆空间，不仅提高了顾客的体验感，也可以提高商品的销售量。（图6-3-2）

（二）原建筑的斑驳痕迹成为艺术品的展示符号

将原有的混凝土结构裸露，呈现门店30年历史的痕迹，这是时代的重要符号与标志，这些岁月的符号融合到这个复合的空间中，创造了新的人文与商业力量。设计中把原本两层的楼板从中间拆除，变成了一个9m通高的空间，保留原结构部分成为艺术区，重构眼镜区成为生活区。一个旧，一个新，两种状态，两种对比，呈现出强烈的视觉效果。将老建筑中的结构部分作为艺术展厅，可以让观众在欣赏艺术品的同时，领略到老建筑的历史和文化背景。裸露的老建筑上斑驳的痕迹，成为艺术品的一个主题

图6-3-2　改造前后内部交通流线对比
（来源：情景式康复设计课题组）

图6-3-3　裸露原有混凝土结构组成艺术展示空间
（来源：情景式康复设计课题组）

或素材，使得艺术品和建筑之间产生了某种共鸣。而重新装修的部分则作为商品展厅，为购买商品的顾客创造了舒适的购物环境。眼镜采用数字化的展示和销售手段，比如扫二维码参与给艺术作品投票即能打折等来达到更好的互动效果。商业展厅带来的顾客流量可以为艺术展示的人气和知名度提供帮助，同时在老建筑的文化和历史背景下的艺术品展示，对于商品售卖也能产生积极的影响。（图6-3-3）

（三）引入强烈的视觉元素

将品牌“千叶”的LOGO转译为9m高的大树造型的不锈钢雕塑，从店铺外面插入店内，带来非常吸引人的视觉效果。该雕塑的高度可以吸引行人的注意力，甚至在远处就能看到它的存在。钢材自身的光泽感可以在不同的灯光下产生奇妙的效果，同时，树干造型的雕塑还会鼓励人们从不同的角度去观察它，并让人们感到舒适和类似自然的氛围。在眼镜店内，雕塑的装置位置和旁边的视觉环境也可以进一步增强视觉效果，整个装置成了店内有趣的交谈话题，并增加顾客在店内停留的时间。（图6-3-4）

（四）创造艺术的互动性，实现精神的认同感

每位顾客的喜好都不同，但是大家都喜欢欣赏艺术品，围绕这一点创造了一个融合艺术美感的互动环境。将视力表中的检测符号换成了中国传统朝代大小不同的汉字，将人们检查视力的过程变成一次艺

图6-3-4 引入9米高雕塑，形成强烈的视觉效果
（来源：情景式康复设计课题组）

图6-3-5 装置作品《历史视力表》及观众与艺术品的互动
（来源：情景式康复设计课题组及千叶官网）

术欣赏活动。通过将视力检查这一通常的医疗行为融入艺术元素，既能让人们更加自由愉悦地进行视力检查，也能让艺术更加贴近生活和健康领域，实现艺术与健康的结合。将视力检查转化为艺术欣赏活动，不仅能增加人们对于汉字的理解和爱好，还能够激发人们对艺术的兴趣和热情，促进文化的传承和发展，提高对艺术的欣赏。丰富多彩的展示方式和多元的艺术作品可以激发顾客的创造力和想象力，让他们在沉浸艺术表现和审美体验中，体验到一种平静和舒适的感受，从而有助于缓解心理压力。综合来看，与艺术品一起互动能够为顾客带来舒缓心情的效果，同时也能增加其购买眼镜的决策和信心。（图6-3-5）

艺术作品所传达出来的情感和意义，都是源于艺术家的创造力和艺术表达能力，随着观众和艺术品之间的互动，这些情感和意义得到传递，从而让观众产生情感共鸣。在这样的情感共鸣中，观众的思想、情感和身体都得到充分的释放，这是一种无药物干预的健康和自然的治疗方式。这种疗愈作用随着观众对艺术的把握程度越来越高，共鸣也可能变得越来越深入，达到心灵和情感上的全面提升。

（五）艺术的异常性与生活的日常化

在眼镜店空间中，当代艺术的异常化与大众生活的日常化产生了鲜明的对比感受。当代艺术往往强调其作为艺术品的独特性和与众不同的气质，它们的展示方式通常是通过极简的空间设计方式来突出其

图6-3-6　艺术作品与眼镜搭配的空间关系
（来源：情景式康复设计课题组）

艺术特色，而眼镜店则注重其功能性，通常会采用明亮、愉悦的设计来给顾客提供更好的购物体验，因此两者在空间氛围营造上呈现出较为明显的对比。但是当把艺术品和眼镜放在一起展示时，这种既异常又日常的感受，将给予观众全新的感受。艺术品和眼镜的搭配，把不同的视角和评价体系对比在一起，挑战了观众的传统审美和身份认同，推动人们拓展文化和个人的多元面貌。（图6-3-6）

眼镜作为商品的属性虽然不具备高雅艺术品的价值，但它满足了人们的日常需求，这提示我们在社会和文化中，价值是不断受到评价和界定的，将艺术品和商品并置的空间，将人们看似互不相关或者存在阶层和地位差异的物品通过并置联系起来之后，传达了艺术品和商品实际上是共同构成了人们日常生活部分的信息，表达了它们之间并不存在明显阶层和价值差异的寓意。两者联系的方式挑战了人们传统的价值观，启发他们拓展对于物品和文化的理解。在并置的空间里放置一件经典的艺术品和普通的日用品，它们之间的结合可以展示出不同的生活场景和表达方式，每个人都可以从中得到不同的启示和体验。这样的联系也强调了消费和审美之间的密切关系，从中发掘出更多的乐趣和收获，人们可以更加全面地认识和体验到生活的多样性和精彩性。（图6-3-7、图6-3-8）

将艺术品和眼镜并置的空间可以改变人们对于日常物品的看法和感受，让他们意识到自己周围的物

图6-3-7　艺术与商业并置的空间关系及观众与艺术品的互动体验
（来源：情景式康复设计课题组及千叶官网）

图6-3-8　艺术品和日用品在异常与日常空间的对话
（来源：情景式康复设计课题组及千叶官网）

品和生活场景有不同的艺术和文化含义，这可以从根源上改变他们的生活态度和情绪。艺术品和眼镜并置的空间，本身就是一种价值观的颠覆和挑战，这种体验可以帮助人们重新评估自己的身份和价值，让他们通过多元的角度看待自己和周围的世界，从而逐渐摆脱各种生活、工作带来的沮丧情绪。在这样一个将艺术品和眼镜并置的空间里，打破了人们对于物品的单一认知和理解，让他们从多元的角度审视和感受自己的生活和环境，从而缓解沮丧和焦虑的情绪。

（六）展现日常生活的美好时光

将眼镜店做成美术馆，可以尝试改变人们对于艺术品高高在上的习惯认知。对于许多人来说，艺术品常常被认为是高雅、神秘的事物，需要特定的教育和文化背景方能观赏和欣赏。而将艺术品直接放在眼镜店等普通消费场所内，不仅可以让更多的人接触和欣赏艺术品，也能打破传统的艺术观念和障碍。眼镜店通常是一个商业场所，因此它集中了很多顾客和消费者。将商业场所和艺术结合起来，不仅可以为店主创造更多的商业机会，也能将艺术带给更广大的群体。通过这种方式，观众可以通过自由进入眼镜店内观看艺术品，从而对艺术产生兴趣，提高他们的艺术素养。同时，也为艺术家创造了一个展示自己作品的机会，让更多的人了解和欣赏他们的艺术作品，推广艺术的普及化和民主化。（图6-3-9）

将眼镜店做成美术馆，可以通过艺术作品和装置创造出一个充满艺术和美感的空间，让观众在其中感受到日常生活中的美好时光。在这个美术馆中，艺术家通过不同的艺术表现形式，表达对于日常生活中的美好体验和情感的表达。同时，为了更好地让观众体验到由艺术带来的美好，在美术馆二楼设置了舒适的休息区，提供优美的音乐和咖啡，为观众创造了身心愉悦的氛围。通过将眼镜店改造成美术馆，观众可以在购买眼镜的同时，感受到艺术的魅力和生活的美好，使日常生活中的平凡时光变得不再单调和枯燥。

在美术馆里买眼镜并配眼镜过程中，可以感受到日常生活中的突发美好。美术馆作为一个充满艺术氛围的场所，自然会让人们感受到美的力量和艺术的价值。在这种氛围下，购买眼镜和配戴眼镜的过

图6-3-9 悬吊钢制U形楼梯与传统木质座椅实现功能与审美的结合
（来源：情景式康复设计课题组）

程，也许可以成为一个令人愉悦和轻松的体验。在美术馆的艺术氛围中，人们会更有创造力和审美，从而为自己寻找到别具一格的商品。因此，美术馆里购买眼镜配戴眼镜，不仅可以解决视力等功能问题，还可以拥有一次与众不同的美好体验。

五、设计实践的启发

（一）学术启发

千叶眼镜店的设计理念是探索和创新，眼镜店用独特的空间设计和艺术品装置营造出了一个与众不同的美术馆空间。

千叶眼镜店的设计理念归纳起来可以分为以下几点：

1. 将艺术与实用性相结合

艺术品与商品的并置，打破传统的设计思维，创造出独特而有意义的空间体验。首先是空间设计的艺术化。千叶眼镜店的设计注重色彩、材质和光线等方面的运用，通过视觉上的吸引力，营造出与众不同、具有张扬性的空间氛围。同时，通过艺术品与眼镜的搭配，达到艺术与实用性相结合的目的。艺术品和商品在这个空间里不是简单的摆设，而是进行了精心的搭配和布置，通过巧妙的构造创造出美观、舒适的环境，同时也满足了商品展示的功能。这样的设计既体现了艺术性和生活性的有机结合，也为消费者提供了更为优雅和愉悦的购物体验。

其次是展示设计的艺术性。在这个空间里，艺术品可以与眼镜展品进行有效的搭配和呼应，既体现了艺术品的独特性和价值，又达到了实用性和功能性的目的。展示设计不仅要具备实用性，还要具备独特的艺术性和视觉效果。通过展示设计的精心规划和创意构思，营造出具有艺术气息和品牌个性的展示效果，提高消费者购买的欲望和主动性。此外，还有一些细节设计，比如灯源的位置、展柜的材质、展品的分类、陈列的高低等，都进行精心推敲，以达到最佳的艺术性和实用性。这种艺术与实用的结合突出了设计的本质，让消费者在挑选眼镜的同时，也能欣赏和享受艺术品的魅力。千叶眼镜店的设计理念不仅满足了人们对于美的需求，也为商家提供了更加优质的商品展示和销售空间，从而实现了双赢。

2. 白色基底搭配弧面造型，塑造美好生活空间

白色基底能够起到净化空间的作用，将人们的注意力集中在艺术品和产品上，营造出安静、舒适、美好的氛围，而弧面造型则能够创造出流畅、柔美的视觉感受，让整个空间更加温馨和谐，从而有利于消除人们沉重的情绪，并带来放松和轻松的体验。弧面造型符合人们对于流畅和柔美的审美需求，能够让人感到愉悦和欣慰，情景式空间的艺术品和商品并置设计，让空间更富有生活情趣，使得购物、观展等体验更加愉悦、有趣，场地里使用了许多不同的元素，如镜面、金属、灯光、音效、墙壁装饰等，采用丰富多彩、充满创意的装置来吸引顾客的目光，并激发他们的好奇心和兴趣。这种设计思路可以提高人们的创造力和想象力，吸引更多人前来体验。同时，这样安静、流畅、柔美的空间设计分散了人们的注意力和情绪，塑造美好的生活体验，达到缓解和减轻沮丧情绪的作用，为人们提供一种舒适、愉悦的购物和观展体验，从而有效减轻工作生活等方面产生的压力和焦虑情绪。因此，采用白色基底搭配弧面造型的艺术品和商品并置的情景式空间可以为人们提供一定的减压和舒缓作用。

3. 打破传统的艺术观念和障碍

将艺术品直接放在如眼镜店一样的普通消费场所内，可以让更多的人接触和欣赏艺术作品，从而打破传统的艺术观念和障碍。这种做法鼓励人们将创造力应用于平凡的物品和空间中，从而提高人们对于美学的敏感度和信心。首先，设计出发点是将艺术品从高高在上的“象牙塔”中解放出来，将艺术品带到了与普通商品同等的市场销售区域内，不仅可以缩小不同阶层的差距，也让更多的人接触和欣赏了艺术作品。其次，这样的设计方式突破了对于艺术品的固有认知和传统思维，通过将艺术品与商品进行融合，创造出全新的视觉效果和感官体验，让人们抛开惯有的思维方式，从而更加开放、多元地看待艺术的价值和文化内涵。最后，将艺术品与商品并置的设计促进了艺术与商业的结合，使艺术作品的市场销售更加通畅和主流化，获得更广泛的推广机会，从而提高艺术品的社会认可度。

将看似普通的事物和场所转变为具有创意和艺术价值的空间，不但可以提高设计的创新性和乐趣，也可以为品牌增加个性化和独特性，从而更加吸引消费者。将艺术品直接放在普通消费场所内，推广了艺术的普及化和民主化，给予更多的人接触、了解和欣赏艺术的机会，让更多的人可以欣赏和享受艺术品，同时也为艺术家提供了更多的展示和创作机会。最重要的是，这种做法可以通过艺术元素的融入，加强设计的意义和内涵，让设计更加有意义和深刻。将艺术品与商品并置的设计为当代艺术研究提供了新的视角和思路，对于扩大艺术门类的研究范围、促进艺术思想的创新和发展具有重要意义，开创了跨学科研究的新领域，将艺术、设计、营销等多个学科融合，为跨界合作和学术交流提供了新的契机和平台。总之，艺术品和商品并置的设计，挑战传统的观念和模式，推广艺术的普及化，让更多的人享受艺术的美好。在学术和社会方面具有重要的价值和意义，具有广阔的发展空间和前景。

（二）社会成果

千叶眼镜踩准了消费升级的步伐，在千叶美术馆的影响下，千叶眼镜解放碑旗舰店日均客流同比翻5倍，销售额同比增长20%多。将原来的解放碑旗舰店改造为美术馆，以艺术品呈现为主，用艺术家的作品为商业运营创造全新体验模式，打造“商业+艺术+健康”完美组合的全新业态，依托厚重的历史、丰富的文化旅游资源，渝中区解放碑千叶眼镜总店摇身变成美术馆，成了前卫艺术的发布现场、都市文化休闲旅游的“明星打卡点”，满足了不同人群的公共文化空间需求。（图6-3-10）

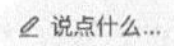

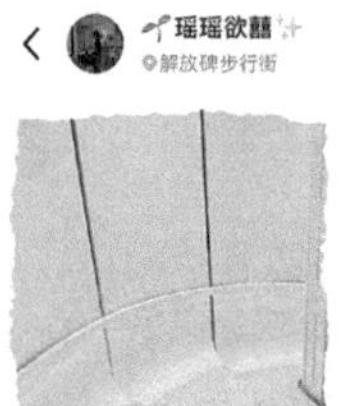
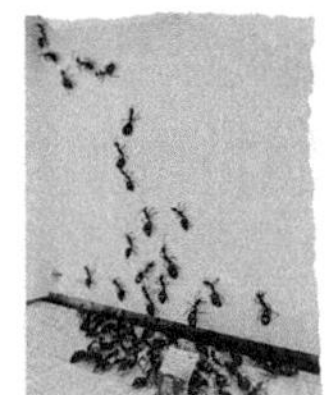

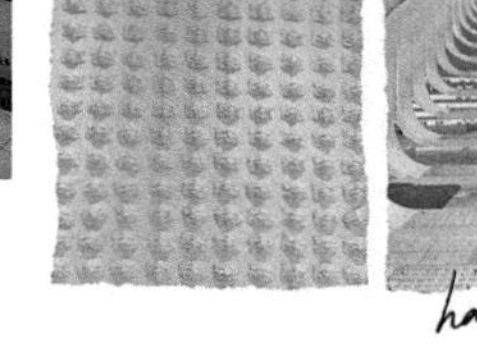

图6-3-10　各种在千叶眼镜店里打卡的照片
（来源：小红书）

艺术品和商品并置的情景式空间，取得了以下几个方面的社会成果：

第一，实现了资源共享。在这个情景式空间中，艺术品和商品被放在一个空间内，实现了资源的共享。商业环境与美术空间的融合，降低了空间使用成本，促进了资源的最大化利用，为社会创造了更多的资源和价值。在商业空间中加入艺术元素，让商业卖场成为美术馆，可以为消费者带来丰富多彩、具有艺术感的空间体验。艺术作品提供各种不同的艺术风格、表现形式和创新思路的展示，增加了消费者的视觉体验，营造出独特的艺术氛围，使参观者感受到身临其境的美学体验。通常来说，美术馆里的作品是不允许随意拍照的，而放置在商业空间的艺术品，鼓励参观者在艺术空间中拍照打卡和互动交流，在这里人们既是消费者，也是参观者，同一个空间，两种身份，实现了资源共享。

第二，推广了创意经济。艺术品和商品的并置设计将开创新的模式，对传统的购物方式和艺术消费模式带来新的思考和启发，从而推动和促进创意经济的发展。这也将吸引更多的创意人才和企业加入到这个领域，为社会带来更多的就业机会和经济增长点。情景式空间中将艺术品和商品并置，在消费者的视野范围内，让消费者除了购买实用性商品外，还会对设计感强、有特色的艺术品感兴趣，增加多样性的消费选择。情景式空间能让消费者在购买商品的同时，也能欣赏到艺术品的价值和美感，增强消费者的购买体验和购买意愿。通过将艺术品与商品并置，情景式空间能够有效地推广和促进创意经济，提高创意产业的影响力和发展水平。艺术品和商品并置的情景式空间成为一种具有新颖营销手段，通过艺术品和商品之间的互动，增加商品的销售和曝光度，同时激发消费者的创造性和购买欲望。

第三，提高了品牌的附加值。艺术品和商品并置的场所为艺术品提供了的展示空间，使艺术品与商品形成了更紧密的联系，提高了商品和品牌的附加值。艺术品的加入可以为品牌注入独特的文化内涵和情感价值，强化品牌的形象和生命力，可以营造出高档、精致的环境，提高品牌的美感程度和品位感。通过艺术品的加入，可以使品牌在同行业中更具有差异性和独特性。同时情景式空间的艺术品和商品的并置，能够为消费者提供更多的购物体验和视觉体验，增加消费者停留时间和购买欲望，进而提高品牌的销售业绩。因此，在商业空间中加入艺术元素，让商业空间成为美术馆空间，可以为参观者提供丰富多彩、有趣的空间体验，使商业空间不再仅仅是消费购物的场所，更增加了商品和品牌的艺术价值、文化价值。

第四，创造了更舒适的环境，提供了更好的购物体验。商业空间通过艺术的手段来提高消费者的感知体验，增加了消费者与商业空间之间的亲和力。通过定期举办展览、演出、讲座等艺术活动，可以让顾客在店内获得更多的文化体验，增加顾客对商业空间的喜爱和归属感。在这样的空间中，艺术品和商品的相互关联可以为消费者带来全新的购物体验和心理感受，提供了舒适、愉悦的购物和观展体验，从而有效地减轻了人们工作和生活中所产生的压力和焦虑情绪，有助于刺激感知、互动等方面的能力，可以帮助他们重新寻找和回归社交联系，加强与他人的沟通和联系，改善人际交往能力，对于孤独、抑郁等问题有一定的缓解作用，实现艺术疗愈的目的。

第四节

情景式疗愈空间的精神认同感

情景式疗愈空间可以为人们提供一个安全、舒适和支持性的环境，使他们可以表达情感。精神认同感是个体对自我和他人的感知和理解，是对自我概念和价值的肯定。在情景式疗愈空间中，帮助人们探索和发展自己的精神认同感可以帮助他们构建更健康和积极的自我认同和自我价值，更好地理解自己和他人，并与他人建立深入的联系和互动。情景式疗愈空间的精神认同感研究价值在于帮助个体探索和发展自己的精神世界，并促进康复者与他人的交流和互动。在情景式疗愈空间中，人们可以感受到被理解和被尊重，从而增强自尊心和信任感。这种情景式环境还可以帮助人们更深入地探索和理解自己的情感和思想，从而帮助他们更好地面对和应对自己的情感和生活困境。情景式疗愈空间的价值和意义在于可以帮助个人提高自我意识和自我成长，并增强他们在处理日常生活中遇到的困难和挑战时的能力。

发掘情景式疗愈空间对康复者的自我成长和发展有一定的推动作用，可以提高其生活质量和幸福感。情景式疗愈空间作为一种为身心健康而设计的环境，其设计策略可以影响人们的情绪、行为和生理反应等方面。因此，研究情景式疗愈空间的精神认同感可以帮助提升情景式疗愈空间的设计，以满足人们的身心健康需求。总之，研究情景式疗愈空间精神认同感的价值和意义在于探索人们在这种环境中的情感体验和反应，以及这种环境对人们身心健康的影响，帮助康复者提高自我意识和自我成长，并增强他们在处理日常生活中遇到困难和挑战时的应对能力。该研究有助于我们更好地了解人们对身心健康的需求和期望，以便更好地设计改进和提升情景式疗愈空间，以满足人们的身心健康需求。

07

第七章

结语与展望

新文科倡导学科融合，精神病学、心理学、艺术学、设计学可以多学科融合形成有效的艺术疗愈方法，帮助心理障碍群体实现康复。艺术疗愈是一种通过音乐、绘画、舞蹈等艺术形式舒缓和减轻康复者的一种疗愈方式，采用情景式疗愈设计将环境、思维和情感元素与空间设计融合，将艺术和设计元素融入人们的日常生活中，为他们创造一个更加友善、温馨的环境，将有效促进大众的心理健康。总体来说，精神病学、心理学、艺术学、设计学等不同的学科间的融合，提出了一种新的思路和方法，有助于建立综合的康复模式，更好地满足人们的健康和精神需求。

情景式康复景观设计目前已经在一些国家开始应用，例如美国、英国、加拿大、澳大利亚等。这些国家的精神康复方面理念较为先进，在社区康复中心、医院和养老院等场所中普遍应用康复景观理念。情景式康复景观设计理念以人为本，强调空间与自然、文化、心理等多个方面的有机结合，为康复群体提供康养环境和疗愈策略。随着对精神康复和心理健康的重视和需求的不断增加，人们对心理治疗和康复治疗的要求也变得越来越高，在工作场所、公共建筑等场所中普及，为人们提供更加舒适、健康的工作和生活环境。因此，情景式康复景观设计的前景非常广阔。情景式康复景观设计旨在为更多的普通群体服务，以服务为导向，根据设计对象的心理和生理需求，采用合适的设计提升他们的体验和感受。将情景式康复景观设计融入社区和公共空间内，创造各种有趣的、新奇的和富有艺术性的情境，让人们容易接受并愿意尝试，吸引他们前来参观和体验，使更多的人了解情景式康复景观的价值。

一、结语

本书从精神疾病患者的康复设计策略中，提炼了情景式康复景观设计的概念，并根据具体应用场景向公共绿地空间、城市老旧社区、主题性儿童乐园和商业空间等方面延伸。在不同的场景中，呈现出康复为导向、友好情景下、叙事体验感和艺术疗愈性的设计理念和策略，帮助缓解普通群体因工作压力、生活困扰带来的沮丧、压抑等负面情绪。将情景式康复设计运用于不同场景，体现了不同的逻辑关系和观念延展，可以帮助我们更深入地理解这一设计模式的概念和应用。情景式康复景观研究是围绕康复设计展开的，从情境营造、设计策略到具体实践，一步步深入探索，提出了前瞻性的观点和方法，通过研究发现了康复设计与特殊人群的紧密联系，并从不同角度探索了康复设计所面临的问题和解决方式，为康复设计提供了更加系统和深入的研究策略。

（一）情景式康复景观设计解读

情景式康复景观设计是康复导向下的公共绿地空间设计方法与实践中的一部分，也可以作为一种友好情景下的社区微更新康复设计的方法。叙事性体验下的疗愈设计模式可以被视为情景式艺术疗愈的一种形式。从特殊人群中精神疾病患者的康复模式研究到康复导向下的公共绿地空间设计，再到城市老旧社区微更新康复设计、叙事性体验下的疗愈设计和情景式艺术疗愈的精神认同感构建之间，存在着不同程度的相互依存和关联。

（二）情景式康复景观应用场景

情景式康复景观设计需要针对不同情景设计不同的康复对策。因为不同的场景所带来的需求和问题是多样的，情景式康复景观设计的灵活性和可适应性使其能够在不同的场景中应用，但设计策略和对策需要针对所面对的具体情景进行调整和完善。情景式康复景观设计能够创造出一种特殊的氛围和场景，帮助人们恢复他们的身体和心理健康。这种设计采用不同材料和植物来创造不同的场景和感觉，帮助舒缓紧张情绪的场景，提供沉思和安静的地方，以及合理的社交空间。

1. 社区公园景观中的应用

在绿地公园中，需要考虑不同年龄段人群的需求，提供儿童游乐场、健身器材、草坪休憩区、步行路径等，通过不同的构建和环境营造，满足不同人群的需求和健身效果。因此，康复导向下的公共绿地空间设计方法和实践，将绿化和景观设计与公共健康和康复目标结合起来，这种方法和实践的目标，是提供一个良好的康复环境，以帮助人们恢复身体和心理健康。社区公园内涵多样，在公园设计中有针对性地满足老年人、儿童、年轻人等不同人群的需求，进行差异化设计。公园的绿化和艺术元素可以增加人们的放松感和欣赏感，引入绿色和艺术元素增加归属感，让公园成为一个空气清新、风景优美、增强幸福感的景观空间。公园设计应该对环境友好，考虑绿色植被的种植、用水和能源的使用等，提高整体的可持续性。将社区的文化元素以雕塑、壁画等艺术形式融入公园设计，增加人们的文化认同感和社区归属感。加入社交和互动元素，将社区公园设计成一个促进居民之间交互和互动的场所，增加人们在公园中的逗留时间和享受活动带来的愉悦与放松。

2. 城市老旧社区微更新中的应用

在老旧社区中，需要加强社区建筑的改造和更新，以满足社区老年群体的特殊需求，同时合理利用社区空地，提供集体活动、休闲娱乐的场所，增加社区居民的生活情趣和交流空间。因此，友好情景下的城市老旧社区微更新康复设计旨在改善城市老旧社区的环境，使其更加宜居和健康，通过为社区居民提供多样性的交流和锻炼场所，创造友好的社区环境，提高社区绿化率，并增加开放空间，实现提高居民的生活质量的目的。将情景式康复景观设计方法运用于老旧社区更新，可以提高社区设施的功能性，为社区居民提供便利。增加绿植、花卉等景观和游戏和健身设施等社区公共服务设施的数量，创造愉悦和舒适的居住环境。设计改造梯步，加建缓坡、坡道等无障碍通道，引入新的文化元素、聚会活动等社交功能，通过增加感官体验、娱乐活动、艺术表现等情景式康复内容，增加社区内的互动体验，创建老人们可以锻炼和康复的友好环境，增强居民的社会归属感和幸福感。

3. 主题儿童乐园中的应用

叙事性体验下的疗愈设计模式应用于主题儿童乐园，通过创造富有情感、生动体验的方式来实现疗愈效果。这种设计模式通过与自然和艺术的融合来实现，利用各种各样的景观元素，融入富有叙事情景和文化内涵的场景，增加孩子们的参与度与认同感。在主题乐园中以儿童为中心，关注儿童的需要和兴趣，将儿童体验放在设计的核心地位中，通过营造多种类别的建筑场景和景观构筑，引导孩子们进入并参与，激发儿童的好奇心和探索欲望，促进他们的感官运动发展。同时，添加自然、文化和教育元素丰富儿童乐园的意义，通过教育和互动游戏来提高儿童的认知能力。舒适的座椅、安全的通道、警示的符号和保护的措施，也是儿童在主题乐园中的安全和健康玩耍的必要保障。

4. 商业环境中的应用

在商业空间中引入各种文化和娱乐元素，采用多元化的设计策略营造艺术化氛围，运用装置及自然元素，构建独特的视觉与触觉体验，增加消费者对商业空间的兴趣和留存时间，创造舒适、安静和私密的空间，让人在这里放松身心，感官得到充分的刺激，减少压力和疲劳感，提升情绪和幸福感。商业环境的情景式艺术疗愈的精神认同感构建，采取艺术和设计来建立联系和认同感，这有助于促进身体和心理健康。设置雕塑、墙绘、装置等具有特色性、个性化的艺术设施，创造出独特的氛围和场景，从而为人们提供情感认同感，并激发消费者的积极心态，增加购物愉悦感和消费满意度，也为商家带来更多机会。

5. 在多种环境应用中的共同性与差异性

（1）共同性

情景式康复景观设计强调互动性、主题性、多样性和可持续发展，适用于公共绿地、老旧社区、主题儿童乐园和商业空间的设计。它通过丰富的设计手段吸引人们参与其中，产生强烈的感受和情感联想，提高设计的吸引力和互动性。情景式康复景观注重个性化需求，以适应不同人群和场景的需要。这是一个富有创新和发展潜力的设计领域。情景式康复景观设计在公共绿地空间、老旧社区更新、主题儿童乐园和商业空间环境设计等领域中有以下共同性：

第一，都强调互动性和参与性。情景式康复景观设计注重人与环境的互动，通过丰富的设计手段吸引人们参与其中，达到锻炼身体、放松心情的康复效果。在公共绿地空间和老旧社区更新中，情景式康复景观不仅提供了一个放松身心的空间，还通过户外运动场地、社区活动广场和文化艺术舞台为居民提供了参与和互动的机会。在主题儿童乐园和商业空间环境设计中，情景式康复景观则更注重创造互动艺术装置、娱乐设施和购物体验，创造一个与观众互动的环境，通过强调互动性和参与性，情景式康复景观能够更好地满足观众的需求，提高观众的体验和满意度，并在玩耍和观赏中发挥愉悦身心的作用。

第二，都体现主题性和情感认同。情景式康复景观设计通过场景化的营造，让人们在体验的过程中产生强烈的视觉、听觉、嗅觉等感受，从而激发情感联想，创造具体的主题效果，提高设计的吸引力和互动性。情景式康复景观不同场景设计的共同性，都是为用户创造特定的环境氛围，让人产生对环境的情感认同和归属感，从而增强人们对所属空间的使用意愿，并促进其身心健康的恢复。在公共绿地空间和老旧社区更新中，情景式康复景观能够为居民提供一个亲近自然、放松心态的环境，改善居民的心理状态和社区氛围。在主题儿童乐园和商业空间环境设计中，情景式康复景观则更注重营造充满趣味、活力和刺激的环境，以满足不同年龄段的用户需求，并在体验中实现身心健康的恢复。所以，情景式康复景观旨在为用户创造身心舒适、放松的环境，从而促进其身心健康和幸福感。

第三，都强调多样性和个性化。情景式康复景观在公共绿地空间、老旧社区更新、主题儿童乐园和商业空间环境设计中，都强调多样性和个性化，以满足用户不同的需求和喜好。在公共绿地空间和老旧社区更新中，情景式康复景观能够结合不同的自然元素、文化元素和社区特色，创造出多样性的环境，以满足不同居民的需求和喜好。在老旧社区中，情景式康复景观可以结合社区历史和文化，创造出具有当地特色的环境，增强居民的归属感和自豪感。在主题儿童乐园和商业空间环境设计中，情景式康复景观则更注重创造个性化的环境，以提供独特的用户体验：在主题儿童乐园中，情景式康复景观可以采用不同的主题故事线和游戏元素，以满足不同年龄段和兴趣爱好的儿童；而在商业空间环境设计中，情景式康复景观则可以结合品牌文化和消费群体，创造出具有个性化的环境，增强消费者的消费体验和忠诚度。无论是在公共绿地还是商业空间中，都可以通过情景式康复景观的设计，为人们创造出一个舒适、美丽、富有趣味和创意的环境。这种设计理念让人们更愿意在其中停留，享受其中的美好，同时也能够提升人们的身心健康水平。

（2）差异性

在公共绿地空间中，情景式康复景观设计可以通过创造出一个舒适、安静的环境，来帮助人们放松身心缓解压力。在老旧社区更新中，情景式康复景观设计可以通过改善社区环境，提高居民的生活质量。在主题儿童乐园中，情景式康复景观设计可以通过创造出一个富有创意和想象力的环境，来激发孩子们的创造力和想象力。在商业空间环境中，情景式康复景观设计可以通过创造出一个舒适、温馨的环境，来吸引更多的消费者。差异性表现在以下几个方面：

第一，目的不同。情景式康复景观设计是一种运用自然元素和特定设计手法来促进人们身心健康的设计方法。在公共绿地空间中，常常是为了满足城市居民对绿色空间的需求，提供生态环境、休闲娱乐、社交交流。这种设计可以为人们提供一个舒适、安全、美观的环境，促进人们的身体锻炼和心理放松。老旧社区更新设计则是针对社区中的老旧建筑和设施进行改造升级，增加基础设施，提高居住环境质量。在老旧社区更新中，情景式康复景观设计可以通过改善社区环境、增加社区活动设施等方式，提高居民的生活质量和幸福感。而主题儿童乐园更侧重于为孩子们提供游戏体验和探索的乐趣。在主题儿童乐园中，情景式康复景观设计可以通过创造富有想象力的游戏场景，激发儿童的创造力和探索欲望。商业情景空间中的艺术疗愈设计的目的是为顾客提供舒适、放松、愉悦的消费体验。在商业空间环境设计中，情景式康复景观设计可以为顾客提供一个愉悦、放松的购物环境，提高他们的购物体验和忠诚度。

第二，着重点不同。在公共绿地空间中，情景式康复景观设计注重创造舒适、安全、便利的环境，设计重点在于通过绿化、景观构建、绿色交通等手段，提高绿地的生态价值和可持续性，提供多种运动、休闲、社交、文化活动场所，促进人与人之间的沟通和互动，让人们感到放松和享受。在老旧社区更新中，情景式康复景观设计通过景观建设、绿色交通、公共设施等手段改善社区的环境质量和居民的生活质量。通过运用文化元素、历史遗迹等手段，让社区更加有文化内涵和历史沉淀，从而激发社区的文化活力。同时，注重提升社区居民的生活质量，着重于社区居民的利益和需求，营造良好的步行和休闲交流空间，增加花园和游戏场等设施以提高老年人、儿童的生活质量，着重点是通过改善社区环境来激发居民的自豪感和归属感。在主题儿童乐园中，情景式康复景观设计通过运用特定的主题元素、活动设施等方法，提供丰富、有趣、安全的游乐体验，吸引孩子们的注意力和兴趣，提供多种游戏和学习场所，促进孩子们的身心发展和教育。通过美化和绿化环境、提供便利的服务等方法，让家长和孩子们感到舒适和安全。同时注重创造具有教育意义和趣味性的环境，提供安全、有趣的游戏体验，帮助儿童进行认知、情感和行为方面的发展。在商业环境中运用情景式康复景观设计，打造出舒适、愉悦、安全的购物环境和消费体验，提供多种文化、娱乐、休闲场所，吸引人们到商业中心休闲和消费，通过艺术装置和美化环境等手段，提高商业环境的整体品质，增加吸引力和竞争力。

第三，应用场景不同。情景式康复景观设计是一种将自然环境和人工设计相结合的设计理念，旨在为人们提供一个更加舒适、愉悦的环境，从而帮助他们恢复身体和心理健康。这种设计理念在公共绿地空间、老旧社区更新、主题儿童乐园和商业空间环境设计中都有着广泛的应用。在公共绿地空间中，情景式康复景观设计可以为人们提供一个更加舒适、自然的环境。将自然元素融入设计中，如植物、水体等，可以让人们感受到自然的美好，从而缓解压力和疲劳。通过设置一些健身设施和活动区域，为人们提供一个锻炼和娱乐的场所，帮助他们保持身体健康。在老旧社区更新中，情景式康复景观设计可以为社区居民提供一个更加舒适、安全的居住环境。通过改善社区的绿化和景观，可以让居民感受到生活的美好，从而提高他们的生活质量。此外，设计师还可以通过设置一些休闲设施和文化活动区域，为居民提供一个愉悦和充实的生活场所，帮助他们恢复心理健康。在主题儿童乐园中，情景式康复景观设计可以为孩子们提供一个更加有趣、刺激的游乐环境。通过将自然元素和主题元素相结合，如动物、植物、城堡等，可以让孩子们感受到探险和冒险的乐趣，从而帮助他们发展身体和心理能力。此外，设计师还可以通过设置一些互动设施和教育区域，为孩子们提供一个学习和成长的场所，帮助他们发展综合素质。在商业空间环境设计中，情景式康复景观设计可以为顾客提供一个更加舒适、愉悦的购物环境。通过将自然元素和商业元素相结合，如花园、喷泉、广场等，可以让顾客感受到购物的乐趣，从而提高他们的购物体验。设计师还可以通过设置一些休息区域和娱乐设施，为顾客提供一个休闲和娱乐的场所，帮助他们恢复身心健康。

第四，需求不同。情景式康复景观设计旨在提供一种舒适、愉悦和安全的空间，以帮助人们恢复身心健康，不同的应用场景有着不同的需求。在公共绿地空间中，情景式康复景观设计需要考虑到人们的各种需求，如休闲、娱乐、锻炼等；不同年龄段人群的需求，如老年人、儿童等。因此，设计师需要根据不同的需求来设计不同的功能区域，如运动区、游乐区、休息区等。此外，还需要考虑到绿化、野生动物保护等方面的问题，以创造一个和谐、美丽的公共绿地空间。在老旧社区更新中，情景式康复景观设计需要考虑到社区居民的生活需求和文化背景，并根据社区居民的生活习惯和文化背景来设计不同的功能区域，如健身区、休闲区、文化活动区等。同时，还需要考虑到老年人和残疾人的需求，如无障碍设施、坡道等；社区环境的整体美观和卫生，以提高社区居民的生活质量。在主题儿童乐园中，情景式康复景观设计需要考虑到儿童的认知和兴趣，根据儿童的年龄和性别来设计不同的游乐设施和活动区域，如滑梯、秋千、沙池等。同时，还需要考虑到儿童的安全和健康，如防止意外伤害、提供饮用水等；儿童的教育和环保意识，如设置环保主题区域、教育游戏等。在商业空间环境设计中，情景式康复景观设计需要考虑到商业活动的特点和客户需求，根据商业活动的类型和客户群体来设计不同的功能区域，如餐饮区、购物区、休闲区等。同时，还需要考虑到商业空间的整体氛围和形象，以提高客户的消费体验和忠诚度。

第五，风格不同。情景式康复景观设计是一种以人为本的设计理念，不同的应用场景，也呈现出不同的设计风格。在公共绿地空间中，情景式康复景观设计注重创造自然、舒适的氛围，让人们能够放松身心，享受大自然的美好。设计师通常会采用大量的植物、花卉和水景等元素，打造出一个生机勃勃、清新宜人的场所。同时，为了满足不同人群的需求，设计师也会在绿地中设置多样化的休闲设施，如长椅、休息亭、游乐设施等，让人们可以在这里尽情放松和娱乐。老旧社区更新是情景式康复景观设计的另一个应用场景。在这里，设计师需要考虑到社区居民的实际需求，并结合社区历史文化特色进行设计。设计师通常会采用传统文化元素，如园林、水景、假山等，来打造一个具有历史感和文化氛围的社区。同时，设计师还会在社区中设置多样化的休闲设施，如健身器材、桌椅、花坛等，让社区居民可以在这里享受到自然和文化的双重盛宴。主题儿童乐园是情景式康复景观设计的另一个应用场景。在这里，设计师需要考虑到儿童的年龄特点和兴趣爱好，并结合乐园的主题进行设计。设计师通常会采用鲜艳的色彩、可爱的造型和丰富的游戏设施，来打造一个充满童趣和创意的乐园。同时，设计师还会在乐园中设置多样化的休闲设施，如休息亭、餐厅、洗手间等，让家长和孩子可以在这里尽情玩耍和休息。商业空间环境是情景式康复景观设计的另一个应用场景。在这里，设计师需要考虑到商业的功能和形象，并结合商业的特点进行设计。设计师通常会采用现代化的设计手法，如灯光、音效、雕塑等，来打造一个充满时尚感和艺术氛围的商业空间。同时，设计师还会在商业空间中设置多样化的休闲设施，如餐厅、咖啡厅、休息区等，让人们可以在这里享受到购物和休闲的双重乐趣。

第六，设计手段不同。情景式康复景观设计是一种将康复理念融入景观设计中的新型设计手段，在不同的设计场景中，情景式康复景观设计所采用的设计手段也有所不同。在公共绿地空间中，情景式康复景观设计的目标是为人们创造一个舒适、健康、愉悦的环境，以促进身心健康。在设计手段上，需要注重绿化、休闲、运动等方面的融合。比如，在公园中可以设置各种健身器材和游乐设施，让人们在休闲娱乐的同时进行运动锻炼，增强身体素质。在老旧社区更新中，情景式康复景观设计的目标是为居民创造一个宜居、安全、美丽的居住环境，提高居民的生活质量。在设计手段上，需要注重社区文化、历史、环境等方面的融合。比如，在社区中可以设置文化广场、历史展览馆和生态公园等，让居民感受到社区的文化底蕴和自然环境，增强社区凝聚力和归属感。在主题儿童乐园中，情景式康复景观设计的目标是为儿童创造一个安全、有趣、富有挑战性的游乐环境，促进儿童身心健康发展。在设计手段上，需要注重游乐设施、安全设施、教育设施等方面的融合。比如，在儿童乐园中可以设置攀岩墙、滑梯、秋千等各种游乐设施，让孩子们在玩耍中锻炼身体、增强自信心。在商业空间环境中，情景式康复景观设计的目标是为消费者创造一个舒适、愉悦、有品质的购物环境，提高消费者的购物体验。在设计手段上，需要注重商业氛围、人性化设计、绿色环保等方面的融合。比如，在商场中可以设置休息区、绿化带和自然采光等，让消费者在购物的同时感受到自然的气息和人性化的设计，增强消费者的购物体验。

二、展望：景观学科的创新——情景式康复景观设计

情景式康复景观设计的应用在特殊人群的康复中已经得到了广泛的应用。这种设计模式不仅能够提高患者的康复效果，还能够改善他们的心理状态和生活质量。但是，情景式康复景观设计的应用并不仅局限于特殊人群的康复，它也可以为普通群体带来更好的生活体验。

情景式康复景观设计是一种针对特殊人群的康复模式，它通过对环境的改造和设计，创造出一种特定的情境，从而达到促进患者康复的目的。这种设计模式的核心在于创造出一种愉悦、舒适、安全、有意义的环境，以帮助患者恢复身体和心理上的健康。因此，我们可以将这种设计模式应用于公共绿地空间、老旧社区更新、主题儿童乐园、商业空间环境中，以改善普通群体的生活质量。情景式康复景观设计是一种以情景为基础的设计模式，它可以通过创造出一个特定的场景，来影响人们的情绪和行为。这种设计模式可以通过多种手段实现，创造出特定的空间布局和景观元素。情景式康复景观设计的应用，不仅可以改善人们的生活质量，还可以为景观学科带来更多的变化。情景式康复景观设计可以拓展景观设计的应用领域，使其不仅仅局限于美化环境的范畴，可以提高景观设计师的设计水平和综合能力，使其能够更好地满足人们对于环境的需求和期望。

情景式康复景观设计的应用可以给景观学科带来很多变化。首先，它可以促进景观设计师对人类行为和心理学的深入了解。在情景式康复景观设计中，设计师需要考虑患者的行为和心理状态，并将这些因素纳入到设计中。这样一来，景观设计师不仅需要具备设计技能，还需要具备一定的心理学知识和人类行为学知识。其次，情景式康复景观设计的应用可以促进景观设计师对环境的理解，从而提高他们的设计能力。最后，情景式康复景观设计的应用可以促进景观设计师对社会责任的认识。在情景式康复景观设计中，设计师需要考虑患者的康复效果和生活质量，并将这些因素纳入到设计中。

随着人们对生活品质的追求不断提高，景观设计在城市规划和建筑设计中的作用越来越重要。而在

景观学科的发展过程中，情景式康复景观设计成为一种创新方向。情景式康复景观设计是指通过景观设计手段，营造出一种能够促进人们身心康复的环境氛围。这种设计理念是基于人类对自然环境的依赖和对心理健康的追求而产生的。在城市化进程中，人们与自然环境的距离越来越远，而情景式康复景观设计则可以为人们提供一种回归自然、放松身心的空间。情景式康复景观设计的核心是营造出具有特定情境的场所，这些场所可以通过不同的元素和手段来实现。这些元素和手段可以通过合理搭配和运用，创造出一种能够让人们产生情感共鸣、引发回忆、提高认知等效果的环境氛围。目前，情景式康复景观设计在医疗、养老、教育等领域都有广泛的应用。在医疗领域，情景式康复景观可以帮助患者缓解焦虑、疼痛等不适感，促进康复；在养老领域，情景式康复景观可以为老年人提供一个安静、舒适的环境，让他们感受到家的温馨；在教育领域，情景式康复景观可以帮助学生放松心情、提高学习效率。

总之，情景式康复景观设计的应用可以给景观学科带来很多变化。它不仅可以提高患者的康复效果和生活质量，还可以促进景观设计师对人类行为和心理学、环境和社会责任的认识。这将有助于提高景观设计师的设计能力和社会责任感，从而推动景观学科的发展。情景式康复景观设计是一种创新的设计模式，它可以为特殊人群和普通群体带来更好的生活体验。我们应该积极推广这种设计模式，以改善人们的生活质量，并为景观学科带来更多的变化和创新。情景式康复景观设计是一种创新的设计理念，它可以为城市居民提供一个回归自然、放松身心的空间。在未来的发展中，情景式康复景观设计将会得到更广泛的应用，成为景观学科中的重要研究方向。

参考文献

康复景观设计方面

[1] Ulrich R S. View through a window may influence recovery from surgery[J]. Science，1984，4647(224): 420-421.

[2] Wilbert Gesler. The Cultural Geography of Health Care[M]. University of Pittsburgh Press, 1991.

[3] Cooper Clare Marcus, Barnes M. Healing gardens: Therapeutic Benefits and Design Recommendations. New York: Wiley, 1999.

[4] [美]马库斯，萨克斯．康复式景观：治愈系医疗花园和户外康复空间的循证设计方法[M]．刘技峰，译．北京：电子工业出版社，2018.

[5]（美）帕特里克·弗朗西斯·穆尼．陈进勇，译，康复景观的世界发展[J]．中国园林，2009，25（8）：24-27.

[6] 李树华，刘畅，姚亚男，等．康复景观研究前沿：热点议题与研究方法[J]．南方建筑2018（3）：4-10.

[7] 杨欢，刘滨谊，帕特里克·A．米勒．传统中医理论在康健花园设计中的应用[J]．中国园林，2009，25（7）：13-18.

[8] 赵非一，张浙元，韩茨，等．园艺疗法干预儿童孤独症的生态学、社会学及生理学机制研究[J]．北京林业大学学报（社会科学版），2016（3）：13-20.

[9] 郭庭鸿，董靓，张米娜．面向自闭儿童的康复景观及其干预模式研究[J]．中国园林，2013（8）：45-48.

[10] 孙晶晶．注重心灵感知的儿童康复景观设计[J]．中国园林，2016（12）：58-62.

[11] 姚亚男，黄秋韵，李树华．工作环境绿色空间与身心健康关系研究——以北京IT产业人群为例[J]．中国园林，2018（9）：15-21.

[12] 刘绍华．椒样薄荷和亚洲薄荷挥发油香气成分的研究[J]．桂林医学院学报，1997（3）：29-31.

[13] 张高超，孙睦泓，吴亚妮．具有改善人体亚健康状态功效的微型芳香康复花园设计建造及功效研究[J]．中国园林，2016，32（6）：94-99.

[14] 雷璧伊．可食用景观在种植社区中的应用[J]．现代园艺，2019，42（23）：95-97.

[15] 佟琴琴，姚雷．迷迭香和柠檬草的精油以及活体香气的抗抑郁作用的研究[J]．上海交通大学学报（农业科学版），2009，27（1）：82-85.

[16] 侯韫婧，赵晓龙，朱逊．从健康导向的视角观察西方风景园林的嬗变[J]．中国园林，2015（4）：101-105.

[17] 徐丽娜，魏绪英，黄伟豪，等．基于CiteSpace的康复景观研究可视化分析[J]．园林，2020（12）：78-84.

[18] 贺香，吴疆．基于心理学的校园疗愈景观设计策略研究[J]．安徽建筑，2021（3）：8-10.

[19] 游礼枭，易军红，刘牧，等．近30年国内康复景观研究现状与趋势——基于Citespace可视化分析[J]．江西科学，2020（6）：915-921.

[20] 林上海，杨焰．康养园林景观的兴起与发展探析[J]．美与时代（上），2020（7）：79-81.

[21] 张高超，刘洋，汤晓敏．面向压力人群的康复景观——纳卡地亚森林康复花园设计特色及其启示[J]．上海交通大学学报（农业科学版），2017（2）：61-67.

[22] 张文英，巫盈盈，肖大威．设计结合医疗——医疗花园和康复景观[J]．中国园林，2009（8）：7-11.

[23] 郑洁，俞益武，包亚芳．疗养院康复景观环境评价指标体系的构建[J]．浙江农林大学学报，2018（4）：919-926.

[24] 刘博新，黎鹏志．心血管病专科医院的康复景观设计探析——以厦门大学附属心血管病医院为例[J]．建筑与文化，2020（3）：167-170.

[25] 贾梅，金荷仙，王声菲．园林植物挥发物及其在康复景观中对人体健康影响的研究进展[J]．中国园林，2016（12）：26-31.

[26] 潘文隆，范俊逸，王晨波．中国景观园林设计发展现状与趋势[J]．艺海，2020（8）：162-163.

心理与精神医学方面

[27] 周颖，孙耀南．精神病医院建筑的相关基础研究[J]．中国科学：技术科学，2010，40（9）：1001-1013.

[28] 王丽华，肖泽萍．精神卫生服务的国际发展趋势及中国探索：专科医院—社区一体化、以复元为目标、重视家庭参与[J]．中国卫生资源，2019，22（4）：315-320.

[29]（美）唐纳德·A. 诺曼．设计心理学3—情感化设计[M]．何笑梅，译．北京：中信出版集团，2015.

[30] 马兴帆．全球13%青少年患有精神疾病[N]．公益时报，2021-10-19（14）.

[31] 吴丽月，朱丹丹．国外精神康复服务模式对精障人士社区康复服务的启示[J]．智库时代，2018（36）：125，131.

[32] 张莉萌．河南省精神病医院户外康复性景观提升策略研究[D]．郑州：河南农业大学，2017.

[33] 周颖，孙耀南．精神病医院住院部的建筑设计方法——以日本精神病医院为主要考察对象[J]．建筑学报，2010（2）：102-107.

[34] 刘秀敏．精神专科医院建筑设计要点探析[J]．建筑设计管理，2014，31（9）：52-54，57.

[35] 周颖，孙耀南．日本精神病医院建筑设计的案例研究[J]．新建筑，2010（6）：84-87.

[36] 林威廷．医院建筑模块设计实践[J]．城市建筑，2011（6）：20-21.

[37] 严虎，陈晋东．艺术治疗在精神疾病治疗中的前景[J]．国际精神病学杂志，2015，42（2）：143-144.

行为与需求设计方面

[38] 李斌．环境行为学的环境行为理论及其拓展[J]．建筑学报，2008（8）：32-34.

[39] 王琰，李志民，赵红斌．基于使用者行为需求的建筑设计模式研究[J]．西安建筑科技大学学报（自然科学版），2009（4）：544-548.

[40] 左冕．基于主体行为的大学校园景观设计研究[J]．装饰，2019，2（310）：126-127.

[41] 刘继同．中国精神健康社会工作时代来临与实务性研究议题[J]．浙江工商大学学报，2017（4）：100-108.

[42] 何志森：城市跟踪者．一席讲演．第2018-03-23期.

[43] 姚刚，胡彬，曾栋，等．设计思维引领下的跨专业联合设计教学实验——以基于Mapping的“校园跟踪者”为例[J]．装饰，2019（8）：90-94.
[44] 张高超，刘洋，汤晓敏．面向压力人群的康复景观——纳卡地亚森林康复花园设计特色及其启示[J]．上海交通大学学报（农业科学版），2017（4）：61-67.
[45] 陈彦颖．艺术与医学的交融：艺术教育在临床医学中的应用研究[J]．装饰2019（11）：136-137.
[46] 约翰内斯・维多多，孙志健．城市环境与人类行为：向历史和本土智慧学习[J]．装饰，2021（10）：68-73.
[47] 吉立峰，杨小军，陈伟志．关于行为和精神支持的景观设计——以温州第一医院滨水空间设计为例[J]．艺术与设计（理论），2011（5）：129-133.
[48] 王之纲，石田，朱笑尘．基于工业遗址场所精神的新媒体空间设计——以首钢工业遗址“科幻世”科技艺术概念展为例[J]．装饰，2021（9）：88-91.

老年康复设计方面

[49] 阿一．世界上最“不正经”的养老院!. 2020-08-31，智筑网公众号。
[50] 702工作室．专为阿尔茨海默症人群建立的虚拟小镇——De Hogeweyk. 2018-11-01，健康中国公众号。
[51] 唐希璐，周颖．实现就地养老的社区更新策略——以美国自然形成的退休社区（NORC）为考察对象[J]．建筑学报，2018（2）：80-84.
[52] 曹阳，陈晶锐．设计介入阿尔茨海默症综合治疗的可能性研究[J]．装饰2019（5）：73-75.
[53] 陈崇贤，罗玮菁，李海薇，等．居住区景观环境与老年人健康关系研究进展[J]．南方建筑，2021（3）：22-28.
[54] 黄秋韵，李佳婧，姚亚男，等．瑞士苏黎世养老机构绿色疗愈空间设计方法探究[J]．园林，2019（2）：19-25.
[55] 袁晓梅，谢青，周同月，等．基于健康管理的地域性适老社区环境设计研究[J]．建筑学报，2018（1）：7-12.
[56] 宋聚生，孙艺，谢亚梅．基于老年社群活动特征的空间规划设计策略——以深圳典型社区户外活动空间为例[J]．城市规划，2017，41（5）：27-36.
[57] 孙艺，戴冬晖，宋聚生，等．社区户外活动场地空间环境特征对老年人吸引力的多元回归模型[J]．中国园林，2018，34（3）：93-97.
[58] 周燕珉，李佳婧．失智老人护理机构疗愈性空间环境设计研究[J]．建筑学报，2018（2）：67-73.
[59] 刘博新，朱晓青．失智老人疗愈性庭园设计原则：目的、依据与策略[J]．中国园林，2019，35（12）：84-89.
[60] 刘懿慧，刘金香，黄宗胜，等．适老化康复景观使用后评价——以郴州市第一人民医院西院为例[J]．南华大学学报（自然科学版），2021（3）：83-89.
[61] 李爽，汤巧香．老旧养老院的景观改造提升研究——以“天津市养老院”为例[J]．天津城建大学学报，2020（5）：313-317.
[62] 胡以萍，黄皆明．老龄化社会背景下城市公共设施的包容性设计研究[J]．装饰，2021（2）：103-105.
[63] 张艳河，杜嘉庆，徐环环，等．轻中度失智老人自理产品设计的过往经验研究[J]．装饰，2021（3）：84-88.
[64] 郭姣，陈教斌．山地综合医院户外景观设计研究——以第三军医大学第一附属医院为例[J]．西南师范大学学报

（自然科学版），2018（1）：118-125.
[65] 龙晓婕，陈琼琳，赵铮，等．声景在医院景观设计中的应用[J]．湖南农业大学学报（自然科学版），2012（1）：172-174.
[66] 刘博新，黄越，李树华．庭园使用及其对老年人身心健康的影响——以杭州四家养老院为例[J]．中国园林，2015（4）：85-90.

儿童专项设计方面

[67] 熊嫕．儿童日常生活的设计认知、审美实践与空间生产[J]．装饰，2021（7）：30-36.
[68] 丛志强，张振馨．乡村建设中的儿童娱乐设施设计——基于葛家村“树虫乐园”的设计实践[J]．装饰，2021（5）：106-109.
[69] 陈泓，吕梦凡．景观公平视角下儿童游戏景观的通用设计实践[J]．装饰，2020（11）：23-28.

城市景观及老旧社区设计方面

[70] 周彤，张琴，丁丫栩．城市口袋公园参与式景观设计策略研究[J]．艺术与设计（理论），2021（12）：49-50.
[71] 张天洁，李泽．从人工美化走向景观协同——解析新加坡社区公园的发展历程[J]．建筑学报，2012（10）：26-31.
[72] 骆莹，张颀．荷兰现代景观的发展历程及地域特色[J]．浙江林学院学报，2005（5）：587-591.
[73] 侯晓蕾，苏春婷．基于人民城市理念的老旧社区公共空间景观微更新——以北京市常营小微绿地参与式设计为例[J]．园林，2021（5）：17-22.
[74] 王星．家具设计中的体验式设计[J]．包装工程，2020（20）：310-312+320.
[75] 侯晓蕾．基于社区营造和多元共治的北京老城社区公共空间景观微更新——以北京老城区微花园为例[J]．中国园林，2019（12）：23-27.
[76] 刘焱序，傅伯杰．景观多功能性：概念辨析、近今进展与前沿议题[J]．生态学报，2019（8）：2645-2654.
[77] 周向频．欧洲现代景观规划设计的发展历程与当代特征[J]．城市规划汇刊，2003（4）：49-55+96.
[78] 张志武，酒元明，冯嘉诚．全民健身视野下的社区体育公园设计[J]．建筑结构，2021（19）：152-153.
[79] 黄琦，张涛．全民健身视野下的社区体育公园设计[J]．建筑结构，2021（11）：165-166.
[80] 孙帅．人与自然互动的参与式景观设计——社区市民农艺园设计研究[J]．华中建筑，2015（2）：109-112.
[81] 段金娟，李高峰．公共设施体验设计及情景体验分析[J]．包装工程，2012（6）：42-45.
[82] 应博华．基于情景体验式主题公园空间序列设计研究——以合肥万达文旅城室外主题公园为例[J]．中国园林，2017（9）：55-60.
[83] 杨瑞卿，杨学民，徐德兰．生态园林城市建设驱动下的城市绿地景观格局变化研究[J]．广西师范大学学报（自然科学版），2020（6）：140-147.
[84] 黄瓴，沈默予．基于社区资产的山地城市社区线性空间微更新方法探究[J]．规划师，2018（2）：18-24.

叙事性设计方面

[85] 李女仙. 民俗博物馆展示设计的叙事特征与空间建构——以新会陈皮文化体验馆为例[J]. 装饰，2017（8）：132-133.

[86] 王蕾. 博物馆“情景化”：理念、影像与未来[J]. 中国博物馆，2021（3）：39-43+142.

[87] 王红，刘素仁. 沉浸与叙事：新媒体影像技术下的博物馆文化沉浸式体验设计研究[J]. 艺术百家，2018，34（4）：161-169.

[88] 刘国强，张卫，延虎城. 城市历史街区叙事体系构建模式研究[J]. 华中建筑，2019，37（8）：57-61.

[89] 蔡丽玲，沈海娜. 从历史街区改造看市井文化之存续——以杭州小河直街和御街二十三坊为例[J]. 装饰，2021（10）：128-129.

[90] 戴代新，邱杰迩，陈敏思. 基于景观叙事的历史开放空间再生设计——以无锡市南长街贺弄为例[J]. 住宅科技，2021，41（2）：27-32.

[91] 王超，陶志雄，支锦亦. 基于叙事性的文学主题旅游列车设计方法研究[J]. 包装工程，2022，43（16）：122-128.

[92] 侍非，高才驰，孟璐，等. 空间叙事方法缘起及在城市研究中的应用[J]. 国际城市规划，2014，29（6）：99-103+125.

[93] 陈月莹，陆邵明. 空间叙事设计理论在中国的移植与实践[J]. 文化研究，2020（4）：207-227.

[94] 杨岩. 论空间的叙事性设计[J]. 艺术百家，2007，23（2）：90-92.

[95] 张楠，刘乃芳，石国栋. 叙事空间设计解读[J]. 城市发展研究，2009，16（9）：136-137.

[96] 肖竞，曹珂. 叙述历史的空间——叙事手法在名城保护空间规划中的应用[J]. 规划师，2013，29（12）：98-103.

艺术设计方面

[97] 陈雅淇. 传统漆艺在建筑空间设计中的跨界应用[J]. 建筑结构，2021（24）：164-165.

[98] 李炜. 基于情感化设计的文创产品设计研究——以“苏州园林”设计实践为例[J]. 装饰，2021（5）：136-137.

[99] 李炜. 基于反思层次的文创产品情感化设计研究[J]. 艺术工作，2020（6）：89-92.

[100] 刘承恺，钟香炜. 艺术介入社区更新的身体感知研究[J]. 装饰，2021（1）：102-106.

[101] 吴宗建，练绮琪. 蒙太奇式内建筑装饰在餐饮空间中的应用研究——以超级文和友为例[J]. 装饰，2020（8）：108-111.

[102] 刘翠翠，李宇宏. 城市街道中的临时性公共游玩空间实施探究——以英国“游玩街道”为例[J]. 装饰，2021（6）：114-119.

[103] 李江，黄德荃. 服务人群，贡献社会：一所设计学院的人文设计教育理念与实践[J]. 装饰，2021（4）：74-79.

[104] 胡珊，贾琦，王雨晴，等. 基于眼动实验和可拓语义的传统文化符号再设计研究[J]. 装饰，2021（8）：88-91.

[105] 刘雨菡，张珊珊，鲍梓婷. 艺术介入的社区营造与规划思考[J]. 规划师，2016（8）：29-34.
[106] 刘承恺，钟香炜. 艺术介入社区更新的身体感知研究[J]. 装饰，2021（1）：102-106.
[107] 史洋. 重塑日常——转型设计在合院更新中的应用[J]. 装饰，2021（6）：82-85.
[108] 何疏悦，张靖婕，熊星，等. 纵向驱动：公共政策在城市社区花园营造中的价值及方法探索[J]. 装饰，2021（1）：96-101.
[109] 苏丽，董建文，郑宇. 乡村景观营建中公众参与式设计的评价指标体系构建研究[J]. 中国园林，2019（12）：101-105.
[110] 汪瑞霞，陈凯莉，黄伊涵. 乡村文化景观设计研究综述[J]. 包装工程，2022（4）：80-94+119+16.

建筑环境设计方面

[111] 赵慧宁. 建筑环境设计中人体活动与心理情感因素分析[J]. 东南大学学报（哲学社会科学版），2005（1）：107-109+125.
[112] 赵慧宁. 建筑环境设计心理分析[J]. 装饰，2004（7）：86-87.
[113] 林阳，丁榕锋. 艺术疗愈型公共空间的功能多维性设计探讨[J]. 家具与室内装饰，2022（5）：125-129.
[114] 朱永红. 浅谈设计心理学在环境设计中的应用——人的心理、行为和环境设计[J]. 艺术家，2021（7）：36-37.
[115] 黄舒晴，徐磊青. 室内环境疗愈效果综合评估方法初探[J]. 城市建筑，2017（35）：6-9.
[116] 赵忠超，赵军，周超. 节约型设计实践与探索——南京地铁2号线公共空间概念设计[J]. 装饰，2015（8）：87-89.
[117] 刘晓燕，王一平. 循证设计——从思维逻辑到实施方法[M]. 北京：中国建筑工业出版社，2016，2.